农事指南系列丛书

番茄产业关键实用技术 100 问

赵统敏 等 编著

中国农业出版社
北 京

图书在版编目（CIP）数据

番茄产业关键实用技术100问 / 赵统敏等编著. —北京：中国农业出版社，2021.8（2024.3 重印）
（农事指南系列丛书）
ISBN 978-7-109-27958-2

Ⅰ. ①番… Ⅱ. ①赵… Ⅲ. 番茄—蔬菜园艺—问题解答 Ⅳ. ①S641.2-44

中国版本图书馆CIP数据核字（2021）第031437号

中国农业出版社出版
地址：北京市朝阳区麦子店街18号楼
邮编：100125
策划编辑：张丽四
责任编辑：卫晋津
责任校对：吴丽婷
印刷：北京通州皇家印刷厂
版次：2021年8月第1版
印次：2024年3月北京第3次印刷
发行：新华书店北京发行所
开本：700mm × 1000mm 1/16
印张：9
字数：200千字
定价：58.00元

农事指南系列丛书编委会

本书编委会

赵统敏　王银磊　赵丽萍　宋刘霞

丛书序

习近平总书记在2020年中央农村工作会议上指出，全党务必充分认识新发展阶段做好“三农”工作的重要性和紧迫性，坚持把解决好“三农”问题作为全党工作重中之重，举全党全社会之力推动乡村振兴，促进农业高质高效、乡村宜居宜业、农民富裕富足。

“十四五”时期，是江苏认真贯彻落实习近平总书记视察江苏时“争当表率、争做示范、走在前列”的重要讲话指示精神、推动“强富美高”新江苏再出发的重要时期，也是全面实施乡村振兴战略、夯实农业农村现代化基础的关键阶段。农业现代化的关键在于农业科技现代化。江苏拥有丰富的农业科技资源，农业科技进步贡献率一直位居全国前列。江苏要在全国率先基本实现农业农村现代化，必须进一步发挥农业科技的支撑作用，加速将科技资源优势转化为产业发展优势。

江苏省农业科学院一直以来坚持以推进科技兴农为己任，始终坚持一手抓农业科技创新，一手抓农业科技服务，在农业科技战线上，开拓创新，担当作为，助力农业农村现代化建设。面对新时期新要求，江苏省农业科学院组织从事产业技术创新与服务的专家，梳理研究编写了农事指南系列丛书。这套丛书针对水稻、小麦、辣椒、生猪、草莓等江苏优势特色产业的实用技术进行梳理研究，每个产业提练出100个技术问题，采用图文并茂和场景呈现的方式“一问一答”，让读者一看就懂、一学就会。

丛书的编写较好地处理了继承与发展、知识与技术、自创与引用、知识传播与科学普及的关系。丛书结构完整、内容丰富，理论知识与生产实践紧密结合，是一套具有科学性、实践性、趣味性和指导性的科普著作，相信会为江苏农业高质量发展和农业生产者科学素养提高、知识技能掌握提供很大帮助，为创新驱动发展战略实施和农业科技自立自强做出特殊贡献。

农业兴则基础牢，农村稳则天下安，农民富则国家盛。这套丛书的出版，标志着江苏省农业科学院初步走出了一条科技创新和科学普及相互促进、共同提高的科技事业发展新路子，必将为推动乡村振兴实施、促进农业高质高效发展发挥重要作用。

2020年12月25日

序

番茄是世界性的主要蔬菜作物，可兼做水果，营养丰富，深受人们喜爱。我国是番茄生产大国，番茄产业不仅与我国菜篮子工程紧密相关，而且承载着我国乡村振兴、都市农业发展的重任，在农业农村经济中发挥着重要作用。虽然我国番茄栽培面积和总产量位居世界首位，但番茄在我国作为商品蔬菜的栽培历史较短，单产与世界先进国家相比仍存在一定差距。

随着生活水平的提高，人们对番茄的风味和营养品质的要求也越来越高，不同地区形成了明显的区域差异，市场种类也呈现多样性，这些都对整个番茄产业如何发展提出了新的要求。为了进一步提升我国番茄生产水平、特别是促进番茄产业由数量型向质量型转变、进一步提高生产效率，著名番茄育种专家赵统敏研究员及其研究团队，在多年育种和栽培相结合的基础上，总结各种经验、针对市场需求，编写了《番茄产业关键实用技术100问》一书。该书全面系统地介绍了番茄整体生产中的关键环节及涉及的不同实用技术，涵盖了生产中从播种到采收的各个环节，包括新优品种的介绍、田块和不同茬口的选择、培育壮苗的措施、定植的技术与栽培类型、田间肥水管理方法、植株如何调整、主要病虫害及其防治、常出现的生理问题等内容。该书覆盖面较广，重点突出，旨在解决关键和常见问题，书中列举的技术具有很强的实用性。本书采用“一问一答”的形式，语言简明、通俗易懂，插图易于识别，具有较好的代表性，书中呈现的关键技术能够有效解决生产实际问题。

《番茄产业关键实用技术100问》一书的出版，不仅可以指导广大农民朋友进行有效生产实践、提高生产水平，而且也为从事番茄科研的人员提供了了解番茄生长和发育的较好教材。

李君明

2021年1月

前 言

番茄是我国主要蔬菜作物之一，因其适应性强、栽培范围广、营养丰富而备受消费者欢迎。番茄的生产与供应，不仅在人们的日常生活中占有重要地位，而且对优化农村产业结构、增加农民收入、促进农村经济发展都有重要的意义。但是番茄栽培形式多样，生产过程复杂，番茄黄化曲叶病毒病、根结线虫病等病害发生严重，对新品种的选用及栽培管理要求较高。针对当前这些番茄产业发展中存在的急需解决的问题，为了提高番茄品质和产量，促进番茄安全、优质、高效地生产和发展，本书在归纳和总结多年从事番茄新品种选育、栽培技术研究成果和生产实践的基础上，参考国内外有关文献，并吸收有关省市的先进经验和实用技术，采用问答的形式，介绍了番茄茬口安排、当前栽培的主要品种、主要育苗方式及育苗技术、主要栽培类型及栽培技术、主要病虫害及其防治技术等。

本书由多位作者共同编写完成。第一章至第四章由王银磊负责编写，第五章至第七章由赵丽萍负责编写，第八章至第九章由宋刘霞负责编写，第十章由赵统敏负责编写。

本书的编写以实用技术为主，适合广大菜农、基层农技人员使用，也可供从事蔬菜生产管理的相关人员及经营者阅读、参考。

由于编者水平有限，书中难免出现疏漏和不当之处，敬请广大读者批评指正。

编　者

2020年11月

目　录

第一章 番茄的概述

1 番茄是如何传播发展的？

番茄起源于南美洲安第斯山脉，至今仍有大量的野生番茄资源分布在这里。它的驯化是一个非常漫长的过程。起初，当地人认为番茄是有毒的果子，称之为“狼桃”。到了16世纪，番茄才被西班牙人从墨西哥带回欧洲，一位公爵大人还把它当成稀罕的宝贝献给英国伊丽莎白女王以表达爱意。从此，番茄被称为“爱情果”，当作爱情的礼物。此后很长时间，番茄仅仅被视为观赏作物和定情之物，仍然没有人敢吃。直到17世纪，一位吃货画家在给番茄绘画时，抵挡不住番茄的诱惑，冒死一尝后躺下等死，没想到却开启了番茄华丽的餐桌之旅。吃货画家不仅将番茄带上餐桌，作为第一个吃番茄的人，他的贪吃精神也赋予了番茄花“勇敢”的花语。

明朝万历年间，番茄随传教士进入中国。因其外形像柿子，番茄被称作“番柿”“洋柿子”“六月柿”，民间也多称之为“西红柿”。“蕃柿一名六月柿。茎似蒿，高四五尺，叶似艾，花似榴，一枝结五实，或三四实……草本也，来自西番，故名。”这是明末官员王象晋编写的植物种植指南《二如亭群芳谱》中对番茄的记载。随着对番茄的进一步改良，番茄受到人们越来越多的喜爱，在我国的栽培面积也逐渐扩大。在对番茄种质改良的选育过程中，育种科研人员着重培育高产多抗的番茄品种，提高了我国番茄的品种性状。我国番茄的种植面积和产量均居世界第一。根据联合国粮食及农业组织2018年公布的数据，我国番茄种植面积1560万亩*，产量约6161万吨。但在追求高产、耐贮性的情

* 亩为非法定计量单位。15亩=1公顷=10000平方米。

况下，对番茄品质性状的选择受到了一定程度的忽略，人们总觉得现在的番茄不如过去的好吃了。2012年番茄基因组测序完成，加快了对番茄优良基因的快速挖掘。通过基因组、代谢组的分析，结合消费者品尝实验，中国农业科学院深圳农业基因组研究所的科研团队发现了控制风味的50多个基因。在现代番茄品种中，13种风味物质含量显著降低，这使得番茄口感下降。相信通过科研人员的努力，高品质的番茄很快就可以回归。

2 番茄的商品性和品质包括哪些方面?

一个好的番茄品种产出的番茄果实应该具有较高的商品性，在被消费者喜爱的同时，也可以为农户赚取更多的财富。番茄既可观赏，也能生食、熟食，还可以加工成番茄酱、番茄汁；既可以用于烹调菜肴，又是各类快餐的佐料。番茄味道鲜美可口，备受人们青睐。番茄的果实有大红、粉红、黄、橙、紫等各种颜色。番茄的果形小似葡萄，大似苹果，有梨形、李形、长圆形、圆球形、高圆形、扁圆形等，甜酸可口，柔嫩多汁。果形圆整，含有极为丰富的营养。据测定，每100克番茄鲜果中含有水分94克左右；碳水化合物2.5 ～ 3.8克；蛋白质0.6 ～ 1.2克；酸0.15 ～ 0.75克；矿物质0.5 ～ 0.8克；番茄红素0.8 ～ 4.2毫克；维生素0.6 ～ 1.6克，包括维生素A、维生素B_1、维生素B_2，特别是富含维生素C，每100克鲜果中含有20 ～ 30毫克维生素C。番茄中富含的多种矿质元素，如钙、磷、钾、钠、镁等均为人体所必需。如果每人每天能吃100 ～ 200克番茄，就可以保证人体对维生素C、维生素A、维生素B及矿物质的需要。因此，番茄是一种价廉物美的滋补食品。

图1-1　春桃

近年来，随着消费者、生产者、销售者对番茄品质、营养、外形等方面需求的提高，市场上产生了更多的番茄类型供生产者和消费者选择。如春桃品种因其果脐部长长突起的外形吸引了大批拥趸（图1-1）；夏日阳光、普罗旺斯等品种因其甜美的口感抓住了食客的味蕾；在销售流通环节，樱桃番茄长而厚的萼片、光泽靓丽的果实表皮会给人留下新鲜、诱人的印象，这样的商品性自然也就决定了种植者对他们的爱戴。

总之，随着社会的进步，人们会对番茄品质提出更高的要求，这推动着番茄产业的健康发展。

3 番茄的植物学特性是怎样的?

番茄是茄科番茄属中一年生或多年生草本作物。了解其植物学特性有助于在栽培管理过程中采取合理的管理方式。

（1）根。番茄的根由主根和侧根组成，根系比较发达，再生能力强，不仅在主根上可以生长侧根，在根茎和茎上也易生长不定根。这一特性决定着番茄移栽和扦插较易成活。移栽过程中，主根切断后，促进了侧根的生长，有利于根系的发生。良好的根系系统发育是保证地上部生长和番茄高产的基础。

（2）茎。番茄的茎为半直立性，分枝力强，其分枝形式为合轴分枝。无限生长型番茄在茎端分化花序后，花芽下的侧芽生长为强盛的侧枝，与主茎连续成为合轴。有限生长番茄类型在主杆3～5穗花后，侧芽也变为花芽，不能够继续向上生长，生产中可以采用双杆整枝。番茄每个叶腋都可以发生侧枝，而花序下第一个叶片下的侧枝生长最旺，在进行双杆整枝时可以保留这一侧枝，如进行单杆整枝，需要在侧枝长到3～6厘米长时及时摘除，以防止营养浪费及对植株生长造成影响。茎的丰产形态应为上下粗度相似，节间较短。

（3）叶。番茄的叶为单叶，羽状深裂或全裂。主要小叶5～9片，普通为7片，从叶柄基部按适当间隔隔成3对，顶端为1片，在侧生小叶上或小叶间有可能生有小裂片称小小叶。番茄叶片自第一真叶开始，向上有小叶逐步增加，叶片有逐步增大的趋势。通常第一花穗以上的叶片作为品种特征才能充分表现，番茄叶片的小叶多少及深浅、叶系疏密程度、着生方向（向上斜生、水平着生或下垂着生）、叶片平展或上翻下卷均是区分番茄品种的重要特征。

（4）花。番茄的花是完全花，由花梗、花萼、花瓣、雄蕊和雌蕊5部分组成，为自花授粉植物。天然杂交率4%～10%。花梗着生于花序上，大多数品种在花梗上产生凸起的节，果实成熟阶段形成离层，从此处将果实采摘。在环境不利于花器官发育时，离层断开，造成落花落果。在进行番茄蘸花时，可以用激素在离层处涂抹。番茄在花芽分化时由于受到气温剧烈变化等因素影响，细胞分裂时快时慢，容易形成带化现象，即两个或两个以上柱头并生成带状，花萼花瓣增至8～9枚，多的甚至10多枚，子房也呈畸形，由这种花发育而成的果实均为多棱角的畸形果，丧失商品价值。这样的花大都发生在第一、第二花序的第一朵花，应在开花之前摘除，让正常花发育成果实，增加商品果率。

（5）果实。番茄果实由子房发育而来，为多汁浆果，由外果皮、中果皮和胎座组织构成。外果皮为子房的外壁，由心皮外侧的表皮发育而来，是果实最外侧的果皮部分。中果皮肉质多浆，是主要食用部分。内果皮是来自心皮内侧的表皮。优良品种的番茄果实，果形圆整、光滑，色泽鲜艳，果肉厚、质地细嫩，种子腔小，风味鲜美，营养丰富。成熟果实的色泽有大红、粉红、橙黄、金黄、淡黄等颜色，由果皮和果肉的颜色相衬表现出来。不同地区的人们因不同的消费习惯对番茄果实的色泽要求不一，因此在栽培番茄时应根据当地的消费习惯选择适宜的品种。

4 番茄生长发育对环境有哪些要求？

（1）温度。番茄属于喜温作物，虽然其适应性较强，但要生长发育良好，则必须满足其对温度的要求。发芽期最佳温度为25～30℃，低于10℃或高于35℃，发芽过程均受影响，甚至不发芽。苗期昼夜最佳温度分别为27～28℃、13～14℃。温度过高或过低都会影响花芽分化，形成畸形花。一般8℃时生长迟缓，5℃时停止生长，–2～–1℃会因冻害死亡。但强壮的植株耐低温能力更强些。温度过高，苗易徒长而导致发病。开花结果期番茄在较大的温度范围内均能开花（5～40℃），但是温度对结果的影响极大。低于15℃多数品种就不能正常自然结果，而最低温度高于22℃或最高温度高于37.5℃时则易造成落花落果。开花结果期最佳的昼夜温度分别为25～28℃、15～17℃。果实发育期营养需求量很大。除需适宜的温度外，对昼夜温差要求也较高。在果实发育期，昼夜温差为10～12℃时有利于养分的积累。适宜的温度对果实转色

（19 ～ 24℃）和根系生长（20 ～ 22℃）也很重要。

（2）光照。番茄是喜光作物，光照强度和番茄的生长、发育有密切的关系。幼苗期光照弱，苗易徒长；开花、结果期光照弱，落花落果严重，果实着色差。在高温、干旱的条件下，光照过强易引起卷叶或灼伤。温度低、光照时间过短，也会影响生长和产量，在这种情况下，可利用人工照明的办法增加产量。

（3）水分。番茄植株叶片多，营养面积大，蒸腾作用强烈，且果实为浆果，所以需水量大，但不耐涝。番茄根系吸水力强，因而具有半耐旱的特点。番茄不同生育期对水分的要求不同，以发芽期为最高，苗期要求较低的湿度，开花结果期要求土壤湿润、但空气湿度不宜过高。

（4）气体。番茄生长同样需要呼吸作用和光合作用，它的正常生长离不开氧气和二氧化碳。空气中的二氧化碳含量可以满足番茄光合作用同化作用的需求。但在空气不足或者水培、保护地等条件下，氧气和二氧化碳的含量低，番茄生长有可能受到影响。番茄发育期氧气浓度降到2%时，发芽会受到抑制；在幼苗期增加二氧化碳浓度，可以促进花芽分化，使第一花序着生节位降低，花数增多，提早开花成熟，提高番茄产量。通过二氧化碳发生器可以对棚室中二氧化碳进行补充。番茄生长期间，土壤空气充足时，根系生长和吸收旺盛；若通气不足，则根系短粗，根毛少，不能增加对养分和水的吸收。

（5）土壤及肥料。番茄对土壤的要求不严格，一般以沙质土壤为好。土壤质地疏松，春季土温上升较快，有利于根系生长，适于早熟栽培。土壤酸碱度以pH6 ～ 7为宜。番茄生长期长，需要大量有机肥和多种营养元素。据分析，每生产5000千克果实需从土壤中吸收氮17千克、磷5千克、钾26千克。但番茄在不同生育期、不同栽培方式下对肥料的要求是不同的。主要的营养元素包括氮、磷、钾、钙、镁、硫、铁、锰、锌和硼等微量元素。营养不良或不平衡常会导致植株生长不良，甚至发病或死亡。

5　番茄种植设施类型有哪些？

番茄是一种喜温作物，对温度、光照要求比较高。通过设施栽培可以延长番茄的栽培时间。适合其栽培的设施类型有塑料大棚、日光温室、小棚三种形式（图1–2）。

塑料大棚

日光温室

小棚

图 1-2　番茄种植重要设施类型

（1）塑料大棚。依据大棚的规格可分为两种，一种是由钢材装配而成的无支柱结构，另一种为竹木有柱结构，由基础、骨架、覆盖薄膜三部分组成，一般跨度为6～12米，高度2.6～3.0米，长度40～50米，一侧开有门。大棚内的温度一般随外界温度的变化而变化。光照主要受季节、时间、天气、薄膜、大棚结构和方位的影响。在不通风的情况下，棚内湿度可达70%～100%，夜间湿度高于白天。一般来讲，棚内湿度随温度升高而降低，随温度降低而升高。适合于番茄的春提早及秋延后的栽培，在长江流域采取多层覆盖（大棚+小棚+草帘+地膜）的情况下，可进行越冬栽培。如安徽省一般在10月下旬至11月育苗，次年元月定植后越冬，3月底、4月初采收上市。

（2）日光温室。日光温室主要有两种，一种是普通的有后墙，半拱圆形薄膜日光温室；另一种是节能型日光温室。日光温室具有设备简单、节省能源、投资少、见效快的特点，充分利用自然资源，挖掘了土地增产潜力，保温性能明显优于塑料大棚，适合冬春季节番茄的生产。

（3）小棚。小棚是以竹竿、毛竹片或直径为8～10毫米的钢筋、水泥柱、木柱及8号铅丝为骨架，并覆盖塑料薄膜的拱圆形结构，同时可配合草苫覆盖使用，棚高1～1.5米，棚宽1.5～3米，东西延长，还可在小棚北侧加设1.5～2米高的风障，效果更佳。小棚是一种结构简单、造价便宜、应用广泛的保护设施，可以进行番茄的春提早、秋延后栽培。

6　如何确定番茄设施建设场所？

在建造番茄设施时，应该将其建在地下水位低、水源充足、排灌方便、地

形开阔、高燥向阳、周围无高大树木及其他遮光物体、土质疏松肥沃、有机质含量高、无污染、无盐渍化的地块上，避免选择遮光的地方，确保光照充足。番茄喜微酸性到中性土壤，pH为6～7，当pH低于5.5时，可以利用石灰氮改良土壤，否则会影响植株对钙、镁等元素的吸收；pH高于8.0时，会影响对铁、锌等微量元素的吸收，植株发黄。番茄根系要求土壤通气良好，土壤含氧量低于5%时，根系发育不良，严重时植株枯死。应避免在低洼处建棚。塑料大棚以南北向为好，如受田块限制，东西向也可以，尽量避免斜向建棚。一般要求大棚为南北走向，排风口设于东西两侧，这样有利于降低棚内湿度；减少棚内搭架栽培作物及高秆作物间的相互遮阴，使之受光均匀；避免了大棚在冬季进行通风（降温）、换气操作时，降温过快以及北风的侵入，同时增加了换气量。日光温室建设应为东西走向，坐北朝南，这样有利于光照的吸收。地块位置应距交通干线和电源较近，以有利于番茄的运输及生产，但应尽量避免在公路两侧，以防止车辆尾气和灰尘的污染。

第二章 生产中的新优番茄品种

7 大粉果番茄品种有哪些?

我国大果鲜食番茄以粉果番茄品种为主，主要分布在北方地区，约占番茄种植面积的70%。近年来，在南方红果番茄种植区域，粉果番茄的种植面积也在快速增加。经过多年的培育，在国内育种企业和科研单位的共同努力下，育成了一批适合市场需求的大粉果新优品种。部分品种如下（图2-1）。

图2-1 部分大粉果番茄品种

（1）**苏粉14号**。江苏省农业科学院蔬菜研究所育成的一代杂交种。无限生长类型，长势强，中晚熟；果实扁圆形，成熟果粉红色，果实圆整，果面光滑，棱沟轻；单果重200克左右，大小均匀，果实整齐度好；果实硬度大，耐贮运；抗番茄黄化曲叶病毒病、番茄花叶病毒病、叶霉病、枯萎病、根结线虫病等病害。每亩产量6500千克左右。

（2）**东农722**。东北农业大学最新选育的杂交一代品种。无限生长类型，生长势强，中晚熟。成熟果粉红色，果实圆形，平均单果重220～240克，果实整齐度高，商品性好，坐果率高，花序美观，果肉厚，硬度极大，耐贮运，货架期25天。高抗烟草花叶病毒病、枯萎病和黄萎病，平均每亩产量9000～14000千克。

（3）**中杂301**。中国农业科学院蔬菜花卉研究所育成。无限生长，长势中等，早熟。成熟果粉红色，单果重220克。颜色美观，风味品质好。抗番茄黄化曲叶病毒病。适宜设施栽培。

（4）**浙粉712**。无限生长，长势强，叶色浓绿，叶片长，肥厚，缺刻较浅，二回羽状复叶。早熟，该品种连续坐果能力强，总产量达5000千克左右。果实圆形，幼果绿色，果表光滑，果洼小，果脐平，花痕小。成熟果粉红色，色泽鲜亮，着色一致，果实大小均匀，单果重200克左右。果皮果肉厚，果实硬度好，耐贮运，畸形果少。果实酸甜，风味好。综合抗性好，抗番茄黄化曲叶病毒病、番茄花叶病毒病和枯萎病，抗灰叶斑。

（5）**谷雨天赐595**。沈阳谷雨种业有限公司育成。无限生长型，中早熟，植株长势强，坐果能力强；成熟果粉红色，果实圆形，单果重300～350克，果实硬度好，不易裂，耐贮运。综合抗病性强，抗番茄黄化曲叶病毒病、番茄叶霉病、番茄花叶病毒病。适应性强，耐热性好，适宜冷棚栽培。

（6）**金棚8号**。西安金鹏种苗有限公司育成。无限生长类型，长势强，中熟，连续坐果能力强，叶量中大，果实高圆形，无绿果肩，成熟果粉红色，硬度高，单果重230克左右，整齐度好，抗番茄黄化曲叶病毒病、枯萎病。适宜日光温室、大棚秋延后和越冬栽培。

（7）**普罗旺斯**。圣尼斯种子（北京）有限公司育成。无限生长型，中早熟，植株长势旺盛，耐低温性好；成熟果粉红色，果实圆形，单果重250～300克，萼片平展美观，果实硬度好，耐贮运，口感好。抗南方根结线虫、番茄灰叶斑病、番茄叶霉病、枯萎病。适宜保护地越冬、早春及秋延后栽培。

（8）罗拉。海泽拉农业技术服务（北京）有限公司育成。无限生长型，早熟，植株株型紧凑，长势中等，耐低温性好，连续坐果能力强。成熟果粉红色，果实圆球形，单果重220～280克，萼片美观，果实硬度好，耐贮运。抗番茄黄化曲叶病毒病、番茄花叶病毒病、枯萎病（1，2生理小种）、黄萎病、南方根结线虫。适宜秋延后栽培。

大红果番茄品种有哪些？

目前大红果番茄品种在我国南方分布居多。具有代表性的品种主要有以下几种（图2-2）。

中杂302　SV7846TH

SV4224TH　齐达利

图2-2　部分大红果番茄品种

（1）中杂302。中国农业科学院蔬菜花卉研究所育成。无限生长，长势中等，中早熟。果实成熟为大红色，单果重220克。连续坐果能力强，商品率高。抗番茄黄化曲叶病毒病、根结线虫病。适宜设施栽培。

（2）SV7846TH。圣尼斯种子（北京）有限公司育成，天津德澳特种业有限公司经销。无限生长型，中早熟，植株长势旺盛，坐果能力强；成熟果大红色，果形近圆，单果重180～200克，色泽亮丽，萼片平展，色泽亮丽，硬度好，耐裂果，耐贮运；抗病能力强，抗番茄花叶病毒病、番茄叶霉病、番茄镰刀菌冠状根腐病、番茄黄萎病、南方根结线虫，中抗番茄黄化曲叶病毒病。适宜南方露地秋延后栽培。

（3）SV4224TH（又称德澳特4224）。圣尼斯种子（北京）有限公司育成，天津德澳特种业有限公司总经销。无限生长型，中熟，植株长势旺盛，连续坐果能力强；成熟果大红色，果形高圆，单果重220～250克，萼片平展，果色鲜红亮丽，果实硬度好，耐贮运；高抗番茄花叶病毒病、番茄镰刀菌冠状根腐病、番茄枯萎病（0，1生理小种），抗南方根结线虫、番茄叶霉病，中抗番茄黄化曲叶病毒病。适宜北方日光温室秋延后、早春和越冬茬口栽培。

（4）倍盈。先正达种子有限公司育成。无限生长型，中熟，低温坐果良好；成熟果大红色，果形扁圆，单果重200～230克，萼片平展，果实硬度好，耐贮运；抗番茄叶霉病。

（5）齐达利。先正达种子有限公司育成。无限生长型，中熟，低温坐果较好；成熟果大红色，果实圆形，单果重200～250克，萼片美观，果色光泽度好，果实硬度好，耐贮运；抗番茄黄化曲叶病毒病、番茄花叶病毒病、枯萎病、黄萎病。适宜西北区域秋延后、东北越冬、南方露地秋延后栽培；建议降低使用保花保果激素浓度。

（6）满田2199。无限生长的大红果番茄品种，植株长势强，不早衰；果实苹果形，整体着色、艳丽有光泽，硬度极好，耐贮运，单果质量250克左右；果穗整齐，萼片平展；高抗番茄黄化曲叶病毒病、黄萎病，抗根结线虫病、花叶病毒病、枯萎病，抗逆性强，易栽培、管理；产量高，采收期长，每亩商品果产量达10吨。

9　粉果樱桃番茄品种有哪些？

目前生产中主要推广的粉果樱桃番茄品种如下（图2-3）。

粉贝贝　　金陵靓玉

圣桃6号　　浙樱粉1号

图2-3　部分粉果樱桃番茄品种

（1）千禧。农友种苗（中国）有限公司育成。无限生长型，早熟，植株长势强，每穗结果14～22个，坐果能力强，产量高；成熟果粉红色，果实椭圆形，单果重20克左右，可溶性固形物含量可达9.6%，口感甜脆，味浓，不易裂果、耐贮运。

（2）粉贝贝。北京中农绿亨种子科技有限公司育成。无限生长型，中早熟，植株长势强，花序大，花量多，坐果能力强，花穗长，产量高；成熟果粉红色，果实圆球形，色泽亮丽，单果重25克左右，萼片美观，口感佳，品质上乘，商品性好。适合日光温室越冬、早春栽培。

（3）金陵靓玉。江苏省农业科学院蔬菜研究所育成的一代杂交种。无限生长类型，长势强，中早熟，叶量中等；连续坐果能力强，幼果无绿果肩，成熟果粉红色，色泽亮丽，果实短椭圆形，单果重20克左右，产量高；果实硬度较高，耐贮运；口感酸甜适中，且偏甜，风味极佳；综合抗病性强，抗番茄黄化曲叶病毒病。适宜早春及秋延后设施栽培。

（4）圣桃6号。北京中农绿亨种子科技有限公司育成。无限生长型，中熟，长势旺盛，单果重约25克。果实短椭圆形，粉红色，萼片直翘，不易裂，口感品质优良。硬度好，耐贮运，可溶性固形物含量8.1%。抗花叶病毒病、叶霉病、枯萎病、番茄黄化曲叶病毒病，中抗根结线虫病。耐高温，抗逆性强。

（5）西大樱粉1号。广西大学农学院选育。无限生长型，生长势强，节间中长，坐果率高，每穗坐果12～20个，椭圆形；粉红色，光滑美观，萼片展幅大，果蒂小。可溶性固形物含量10%左右，糖酸比13.87，口感甜酸，有番茄原始风味。单果质量25克左右，早熟、耐热，果肉厚，硬度高，耐贮运。一般每亩产量4400千克左右，适宜在全国各地推广栽培。

（6）浙樱粉1号。浙江省农业科学院蔬菜研究所育成的一代杂交种。早熟，无限生长类型；生长势强，单状或复状花序，成熟果粉红色，色泽鲜亮，果实圆形，单果重18克左右，可溶性固形物含量达9%以上，风味品质佳，萼片舒展美观，商品性好；具单性结实特性，可不用激素蘸花。

10　红果樱桃番茄品种有哪些？

红果樱桃番茄在我国的种植面积小于粉果樱桃番茄。目前生产中主要推广的红果樱桃番茄品种如下。

（1）凤珠。农友种苗（中国）有限公司育成。无限生长型，耐枯萎病，结果力强，产量高。果实长椭圆形，单果重16克左右，成熟果红色，皮薄。肉质细致，可溶性固形物含量最高可达9.6%，风味佳，无酸味。

（2）龙女。半无限生长型，生长势强，较耐热，栽培容易，产量高。果实枣形，单果重13克左右，果形优美，肉质脆爽多汁，可溶性固形物含量高。果肉厚硬，不易裂果，耐贮运。

（3）釜山88。韩国世农种苗选育。中早熟，无限生长型，生长势强，耐低温。果实鸡心形，红果亮丽，硬度高，耐贮运。糖度高达10度左右，香味浓郁，品质优秀，风味独特。单果重15～20克，每穗可坐15～30果，果形整齐，商品率高。高抗叶霉病，对病毒病、枯萎病有较强抗性，不抗番茄黄化

曲叶病毒病。

（4）红福。寿光南澳绿亨农业有限公司育成。高抗番茄黄化曲叶病毒病的红色樱桃番茄品种，高停心型，高、低温下坐果能力良好，单果重15～18克，果实短椭圆形，成熟果鲜红亮丽，皮厚耐裂，适宜秋延后、越冬、早春保护地栽培。

11 特色番茄类型有哪些？

除上述栽培面积较大的番茄类型以外的品种均可以归为特色番茄类型（图2-4）。

夏日阳光

绿宝石

彩玉1号

黑美人

图2-4 部分特色番茄品种

（1）夏日阳光。海泽拉农业技术服务（北京）有限公司育成。无限生长型，中熟，植株长势强，花序大，花量多，坐果能力强，产量高；幼果有青果肩，成熟果黄色，果实圆球形，单果重20～25克，口味清新，口感佳；抗番茄花叶病毒病、黄萎病、枯萎病。适宜保护地早春或秋延后栽培。

（2）黄妃。浙江省湖州市吴兴区金农生态农业发展有限公司从日本引进。无限生长型，早熟，植株长势强，单穗坐果数多达50果以上，坐果能力强，产量高；成熟果黄色，果实椭圆形，单果重12～15克，果实硬度中等，可溶性固形物含量9%～11%，风味浓、口感佳；较抗灰霉病，适应性好；春季栽培采收时间为4月下旬至6月中旬。

（3）金珠。农友种苗（中国）有限公司育成。无限生长型，早生，叶微卷，叶色浓绿，结果力强。果实圆形至高球形，单果重16克左右，果色橙黄亮丽，可溶性固形物含量最高可达10%，风味佳。

（4）绿宝石。京研益农（北京）种业科技有限公司选育。纯绿熟无限生长型特色番茄品种，中熟，抗花叶病毒病和叶霉病。生长势极强。圆和高圆形果，单果重20克左右，100%纯绿熟果晶莹剔透似宝石。风味酸甜浓郁，口感极好，适宜保护地长季节栽培。

（5）彩玉1号。京研益农（北京）种业科技有限公司选育。无限生长型，中熟。果实长卵形带突尖，成熟果红色底面镶嵌金黄条纹。单果重35克左右，品质上乘。适合保护地栽培。

（6）黑美人。寿光南澳绿亨农业有限公司育成。咖啡色小番茄，果实圆球形，单果重25克左右，硬度好，商品性好，品质酸甜可口，番茄味浓。

12 如何选择番茄品种？

我国现有的栽培番茄品种繁多，选购时要挑选国家科研院所、有资质以及信誉良好的厂家的种子。不同品种的形态特征和生长习性差异较大，各地种植户在选择番茄品种时应遵循一定的原则，按照生产目的、当地的生态环境、栽培形式、目标消费者食用习惯等合理选择番茄品种。

（1）根据栽培目的选用品种。番茄品种按其用途可分为鲜食品种、观赏品种和加工品种等类型。鲜食番茄要求富含各种维生素、糖、氨基酸，糖酸比适中，风味佳，色泽鲜艳，外形美观。不同地区，人们对果形、色泽要求不同。另外消费者对果实的营养成分要求越来越高，还要求无污染。供观赏的番茄应选用小果形、色泽迷人、光泽感强的品种，外形还应是奇特的，如葫芦形、梨形、李形、樱桃形、卵形等；株形应紧凑、矮化，适应粗放栽培；对果实内含物及产量要求不严格。加工用番茄一般选择果实成熟期着色一致，番茄红素含量高的品种；此外还要求果面光滑无棱沟，去皮容易，果肉厚，果梗洼小而浅，胎座木栓化组织小。

（2）根据目标消费者食用习惯选用品种。如大多数年轻人相对喜欢吃酸甜适中、果肉偏硬的品种，老年人喜欢果肉偏沙、风味浓郁的品种。就地域来讲，亚洲人喜食甜度偏高的品种，欧美人喜食口味偏酸的品种。

（3）根据所选用的栽培形式选用品种。冬春和早春栽培时保护地内湿度大、光照弱、温度过高或过低，容易发生多种真菌病害，如灰霉病、早疫病、晚疫病、叶霉病、白粉病、菌核病等。因此应选用抗寒性好、耐热性强、耐弱光、耐高湿、早熟性好、植株开张度小、叶量少、叶片稀、抗多种保护地常见病害的品种。番茄秋延后栽培苗期正处于高温季节，病毒病发生严重，因此宜选用耐热、高抗病毒病的品种；同时如果当地霜期来得早，并只用一层大棚膜覆盖，宜选用中早熟的品种；如果进行多层覆盖、霜期较迟，可选用中晚熟的品种。

（4）根据当地自然环境选用品种。栽培番茄，在不同地区不同栽培条件下，对品种选择也不同。南方酸性土壤经常有青枯病病菌存在，因此应选用抗青枯病的品种，如华番3号、浙杂204等。在晚秋及初冬无霜冻的地区，秋番茄可以选用无限生长品种，这样产量高且供应期长，可选用的品种有苏粉14号、金棚8号等。在秋季前期温度高的地区，番茄黄化曲叶病毒病、褪绿病毒病常常比较严重，后期又常遭遇早霜袭击，番茄无法生长，故应选择抗病毒病能力强的品种，如秋盛、罗拉等。

第三章

番茄定植田及茬口准备

什么是番茄连作障碍？

连作障碍指在同一地块连续栽培同一作物或亲缘关系较近的作物时对作物所产生的危害。番茄栽培过程易受到连作障碍的影响，症状主要表现为生长势减弱、品质下降、商品果率降低，危害严重时，植株枯萎、死亡，对番茄产量造成巨大影响。土壤系统中各种因素错综复杂，土壤中各种因素与植物之间共同作用，造成番茄连作障碍的原因主要包括如下几个方面。

（1）施肥不当导致土壤中养分分布不均匀。农户往往会认为肥料充足才能获得高产，导致肥料施用过量。设施栽培过程中，缺乏雨水的淋溶，随着耕作层中肥料含量的逐年累积，土壤盐渍化加重。此外，作物自身对不同营养元素的吸收偏好不同，导致土壤中某些元素含量下降，微量元素缺乏。如施用硝酸铵、硫酸铵后，根系对NH_4^+吸收后，NO_3^-离子可以与土壤中H^+结合，造成土壤pH减小。连作年限越长，土壤pH越低，从而加剧氮、磷、钾的流失，致使土壤理化性状不利于作物的正常生长。

（2）土传病害的逐年加重。番茄土传病害主要有青枯病、枯萎病、茎基腐病、根结线虫病，病原真菌包括镰刀菌、枯萎病菌、腐霉菌、丝核菌等真菌，病原细菌主要是导致青枯病的青枯假单胞菌，该病在我国广州、云南、广西等地发病较北方严重。根结线虫在我国主要包括南方根结线虫、花生根结线虫、北方根结线虫和爪哇根结线虫。根结线虫除了直接取食造成根系机械损伤外，其侵染取食及在植株内活动所造成的伤口会成为上述土传病原物的侵入通道，加重土传病害的危害。

（3）植物自毒作用。同一种植物或亲缘关系较近的植物间产生抑制生长的现象称为自毒作用。自毒物质包括自身残体降解释放的代谢物和根系分泌物，自毒物质在土壤中积累，对根系的生长发育会产生不利的影响。自毒物质包括醛类、芳香酸、黄酮类、丹宁类等有机化合物，这些物质通过影响细胞膜的通透性、酶活、离子吸收等方式影响植物生长。

14 如何防治连作障碍？

针对导致连作障碍发生的原因，可以采取以下方法进行防治。

（1）合理安排栽培制度。在作物茬口安排上应该进行科学的设计。开展轮作、间作、套作等栽培方法。其中轮作的效果最为显著。将不同作物在同一地块安排不同茬口、不同年限的轮作可以改变土壤的理化结构，使土壤病原菌的数量降低，尤其是寄主转化型的病原菌数量明显下降，同时增加有益微生物，改变土壤菌群结构。如通过番茄—水稻轮作、番茄—菜豆轮作可以有效改良土壤特性。间作、套作打破了单一的种植结构，提高了土壤微生物的多样性，对于防止连作障碍具有较好的作用。

（2）合理施肥。科学合理使用化肥和有机肥，根据番茄的需肥规律及土壤的肥力，确定氮、磷、钾的用量，合理补充微量元素。增施有机肥可以增加土壤中微生物的数量，使土壤活性增强，增强根系活力，防止病害的危害。

（3）嫁接栽培。通过砧木嫁接，可以提高番茄的适应性和抗病性。砧木具有较好的耐逆境胁迫能力，对土壤中水分和肥料的吸收能力较强，抗多种土传性病害，降低了自毒物质对根系的伤害，提高了植株的长势和适应性。

（4）土壤杀菌。对于土壤病原菌发生严重的地块，采取土壤灭菌可以有效地降低病原菌、根结线虫的数量。土壤灭菌可以采用多种方法（图3-1）。可以利用休茬期在田中灌水，降低土壤含氧量，减少土壤中的病虫。在夏季高温期，前茬作物清棚后，密闭大棚，利用高温将耕作层的病原菌杀死，在闷棚前可以进行石灰氮施用，结合深翻，闷棚效果更佳。此外，也可以利用火焰深层杀菌深翻机对土壤杀菌。采用化学药剂，同样可以起到很好的杀菌作用，但往往会产生环境污染，造成农药残留等问题，应当慎重使用。

（5）施用微生物菌剂。微生物菌剂是由一种或数种有益微生物细菌经过发酵形成的无毒、无污染的生物肥料。微生物菌剂施用后可以在根际形成优异的优势菌群，提高土壤微生物的活性。利用芽孢杆菌和放线菌等有益菌的拮抗作用可以有效地克服土传病害引起的连作障碍。

大棚灌水

高温闷棚

图 3-1　通过大棚灌水或高温闷棚对棚室消毒

15 如何开展番茄定植前的田间准备？

在前茬作物收获后应当及时清理地面。对于不同的茬口，在上一茬作物清棚后对棚室的杀菌消毒处理不同。夏季可采用高温闷棚进行杀菌处理，冬季可以进行深耕冻垡灭菌。创造深厚、疏松、肥沃、排水良好的土壤条件是保证高产的重要保障。为促进根系向纵深生长，在进行耕地时应当深耕25～30厘米，在深耕之前根据土壤肥力增施有机肥。冻垡或闷棚后，将土整细整平进行做畦。番茄生长对土壤湿度及空气湿度有较严格的要求，水分过少、过多都会造成诸多不良影响，不同地区番茄栽培的做畦方式不同。番茄栽培方式有沟栽、高垄、小立垄、高畦、低畦等（图3-2）。主要根

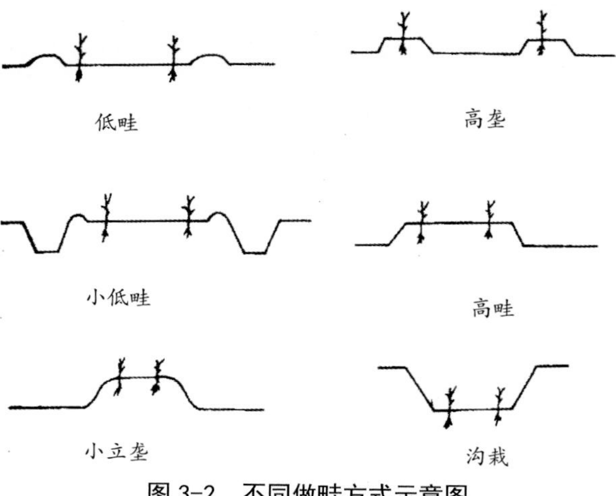

图 3-2　不同做畦方式示意图

据不同的栽培地区、栽培季节、栽培方式、品种等而异。

不同地区，做畦的形式要根据当地具体情况而定（图3-3）。雨水少且需进行畦灌的地区，要做平畦高埂；雨水多或地势较低的地方，应采用高畦、沟栽，要使棚内外的围沟、腰沟、墒沟3沟配套，同时在干旱时也能进行沟灌；地势低、排水差的地方，宜用南北畦、窄畦，畦宽1米，长20～25米，每畦两行。北方地区春季易旱，栽植时多用平畦；南方地区（如福建、广东等省）雨水较多，为使番茄根系生长良好，应深沟高畦防积水，畦高25～28厘米，畦面呈弧形，以利于雨天排水，畦向应为南北走向，受太阳光较均匀。采用地膜覆盖的适宜采用小高畦或沟栽；秋季小拱棚栽培为利于排水多用小低畦。此外还应考虑番茄的生长和管理，如需要注意通风透光、便于整枝打杈、果实采收等。大棚早熟栽培、越冬栽培的各地多采用小高畦栽培，畦面较高也有利于覆盖地膜。畦的高度取决于不同的地区、土质、地势、气候、季节、地下水位高低、耕作管理水平等。略高些的畦虽可提高地温，利于排水，却不利于抗旱保苗，一般以畦高10～15厘米为宜。秋季采用小高畦栽培的，一般以15～20厘米为宜。

图3-3　定植前深耕、冻垡、做畦

16 地膜的类型有哪些?

地膜是指直接覆盖在栽培畦上的薄型农膜。一般厚度为0.008～0.015毫米。通过地膜覆盖，往往可以提高土壤湿度，在节约用水的同时，降低设施内空气湿度，减轻病虫害的发生。不同颜色农膜对光谱的吸收和反射规律不同，对农作物生长及杂草、病虫害、地温的影响也有所差异。在番茄栽培过程中，应当根据需求进行不同类型的选择（图3-4）。

图3-4　不同颜色地膜应用

（1）普通地膜。也称透明地膜，厚度0.015毫米，透光率和热辐射率达90%以上，可根据畦宽选择不同宽幅的规格。地膜覆盖后，可以提高地温、保墒、护根以及提高肥效。具有一定的反光作用，可以改善植物中下部叶片的受光条件。与其他类型地膜相比，对于提高地温效果显著，适合春季低温期增温保墒，提早栽培。地温的提高也提高了土壤微生物的活性。但因透光率好，膜下容易滋生杂草。

（2）黑色地膜。在生产中使用较多，厚度0.015～0.02毫米。因透光率低，较使用透明地膜覆盖时地温的低温低，可以有效防止土壤中水分的蒸发，抑制杂草生长。但增温速度较缓慢，地面覆盖可明显降低地温、抑制杂草、保持土壤湿度。主要适用于杂草较多地块和番茄高温季节栽培，适用于夏、秋季节的防高温栽培，可以为作物根系创造一个良好的生长发育环境，提高产量。

（3）银灰色地膜。厚度0.008～0.015毫米，幅宽70～200厘米。透光率在60%左右，能够反射紫外线，地面覆盖具降温、保湿的作用，能增加地面反射光，有利于果实着色。具有驱避蚜虫和白粉虱，减轻病毒病害发生，保持水土和防除草等功能。适用于夏、秋季番茄防治病虫及抗热栽培。光照的调节也可以在一定程度上改善番茄的品质。

（4）黑白两色地膜。黑白两色地膜一面为白色，一面为黑色。黑色面朝下，防治杂草效果优于黑色地膜；白色面朝上，具有反光降温作用。主要适用于夏、秋茬番茄抗热栽培，具有降温、保水、补光、控草等作用。厚度为0.020～0.025毫米，成本较高。

（5）绿色农膜。覆盖绿色地膜，可以使投射膜下光合作用需要的红光和蓝紫光减少，绿色光增加，使杂草生长受到控制，较好地防除杂草，提高作物产量。该类型地膜透光率较黑色地膜好，但不如透明地膜，增温效果不及透明膜，其作用主要是防治杂草、提高土壤湿度。

在选择不同类型地膜时，应该根据栽培季节进行科学选择。地膜覆盖栽培虽然可以起到增温保墒、防除杂草等作用，但清茬后残膜清除不净，会造成土壤污染。在生产中选择可降解膜可以减轻对环境的破坏，但成本也较高。

17 番茄生产主要茬口有哪些?

我国设施鲜食番茄生产基本实现了周年生产、周年供应，产业布局不断完善、面积增幅减小、生产规模趋于稳定，设施栽培持续增长。我国番茄生产分布区域广，栽培模式多样，南北地区气候差异大，气候反常时有发生，设施条件不一，形成了多样化的栽培类型。

目前，长江流域、西南等南方地区设施栽培主要为大棚栽培，茬口主要有越冬、春提早、秋延后等，但以冬春茬种植为主；黄淮海与环渤海、华北、西北、东北等北方地区设施栽培主要有日光温室（暖棚）栽培、大棚（冷棚）栽培，茬口主要有早春、越夏、秋延后、越冬等。露地番茄生产也是我国一种常用的番茄生产模式，种植面积大，种植区域广，全国各省（市）都有一定的种植面积。露地栽培中，除育苗期外，整个生长期必须安排在无霜期内，避免低温对番茄生长的影响。除低温影响外，高温多雨也是限制露地番茄栽培的因素，在夏季高温的地区，番茄受高温影响，越夏栽培困难，这也形成了区域特色的越夏栽培。目前陆地种植面积较大的地区有广东、广西、福建、云南、贵州、宁夏、吉林等，海南主要种植樱桃番茄。主要栽培模式有长江流域的春季栽培和南方高山栽培、南方的春季栽培和秋季栽培、北方高纬度地区越夏栽培、宁夏等地区的冷凉蔬菜栽培等。不同茬口的互相补充，形成了番茄的周年供应。

18 如何确定番茄的播种时间？

番茄的播种时间受到定植期、育苗方式、定植设施、栽培区域、品种等因素影响。在根据定植设施类型、当地气候、断霜或降霜时间等信息确定定植时间后，根据育苗时间向前推移便可以确定播种时间。番茄幼苗定植在日光温室中，除夏季高温期间不能栽培外，其他时期均可。在塑料大棚中，春提早茬口一般在2—4月定植，秋延后茬口一般在7—8月定植。露地栽培需在露地断霜以后定植。播种期可根据苗龄往前推算。如冬季在温室、加热苗床育苗，苗龄需65～75天；在阳畦育苗，苗龄需70～80天。在南方育苗，因定植期早，播种期可比在北方栽培时略早。在同一地栽培，用中熟品种的播种期比用早熟品种的播种期要早。可见，具体播种期的早晚由番茄的苗龄长短确定，品种不同和育苗方式不同，适宜的苗龄也不同。一定苗龄的秧苗，其育苗期的长短主要由育苗期间的温度条件和其他管理水平决定。根据番茄秧苗生长的适宜温度（白天25℃、夜间15℃、日平均气温20℃）计算，早熟品种从出苗到现蕾约50天，中熟品种约55天，晚熟品种约60天，再加上播种到出苗5～7天，分苗到缓苗3～4天，一般番茄的苗龄为60～70天。苗龄过短，幼苗太小，开花结果延迟；苗龄过大，容易变成老化苗。而为秋延后茬口育苗时，苗期温度较高，苗龄一般控制在35～40天为宜。因此，可根据当地气候特点、保护地类型、栽培方式、品种习性和定植期早晚等确定适宜的播种期。

第四章 番茄育苗过程中的关键技术及问题

19 常用育苗设备和育苗场所有哪些?

番茄育苗方式很多，有常规的遮阳棚育苗、冷床育苗、温床育苗，以及穴盘育苗、嫁接育苗等。

（1）遮阳棚育苗。夏秋季节正值高温、暴雨、强光天气，这样的天气对出苗及幼苗生长不利。在这一时期育苗，为防止高温强光或暴风雨对秧苗的伤害，在露地苗床上需覆盖遮光、隔雨的遮阳网及旧薄膜等来育苗；也可以直接在未拆除的大棚顶部加一层薄膜，四周不设围裙再覆盖不同的遮阳材料进行育苗。采用遮阳网覆盖，可以防止强光照射带来的负效应，同时也减少了光的辐射热，可以降低网下气温和地温（图4-1）。

图 4-1 通过遮阳网覆盖进行高温期育苗

（2）冷床育苗。冷床育苗是利用日光加温的育苗方式，也称阳畦育苗，是我国传统的早春番茄育苗方式。较实用的是采用塑料薄膜覆盖的冷床，其形式有拱圆形和半拱圆形两种。拱圆形冷床通常称小拱棚，在长江中下游地区应用较多；半拱圆形冷床，四周有土墙，以提高保温性能，在江淮以北地区应用较多。近年来，人们采用大棚套小棚进行早春番茄育苗，这种育苗方式主要依靠日光加温，亦属冷床一类（图4–2）。

图4-2　设施三层覆盖进行番茄育苗

（3）电热温床育苗。电热温床是在冷床的基础上利用电热线加温，通电后发出热量来提高苗床温度的温床。电热温床育苗所需的时间可比冷床短10～12天，而且秧苗整齐，素质较好。苗床温度可以进行人工调控，对培育壮苗十分有利（图4–3）。

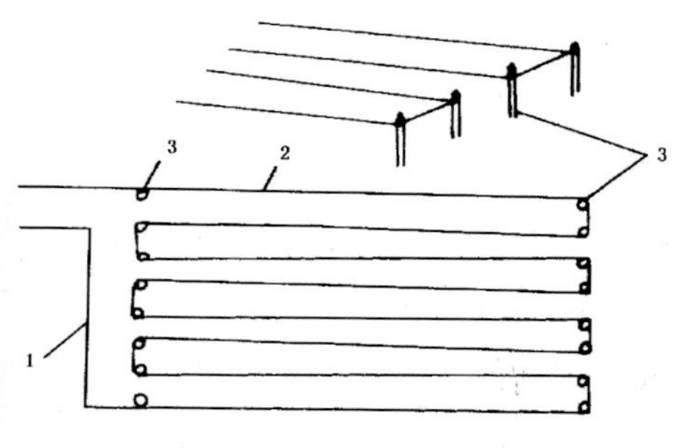

1. 引出线　2. 电加温线　3. 粗铁丝或竹筷

图4-3　进行电热温床育苗前铺设地热线及其示意图

（4）工厂化穴盘育苗。穴盘育苗技术是目前使用较多的现代化育苗技术。

与常规育苗相比，穴盘育苗具有许多优点，如机械化生产省工省力效率高、苗龄缩短10～20天、提高劳动效率5～7倍、节省能源和场地等。由于干籽直播，1穴1粒，集中叠层育苗，每亩可育苗20万～50万株，育苗温室空间可节省80%，节省能源，降低育苗成本30%～50%，便于规范化管理，克服了土传病害的传播，定植后无缓苗期，适于机械化移栽，可远途运输。冬春季育苗，育成的番茄幼苗要达2叶1心则选用288孔的穴盘，要育4～5叶的幼苗则选用128孔的穴盘，要育6叶幼苗则选用72孔的穴盘；夏季育苗，要育3叶1心幼苗应选用200孔或288孔的穴盘（图4–4）。

图4-4　工厂化穴盘育苗

20 如何确定番茄播种用种量?

由于蔬菜作物种类较多，在育苗时所需的播种量也不尽相同。在众多的蔬菜种子中，番茄的种子价格相对较高。在进行播种的时候，应当计算好播种用种量，避免播种过多造成种子成本增加，播种太少造成缺苗。在计算用种量时，可根据每亩番茄定植幼苗株数、种子千粒克数、种子发芽率及20%安全系数（即增加20%的秧苗）等参数来确定播种量。其计算方法是：每亩种子用量（克）=（种植秧苗数+种植秧苗数×安全系数）÷1000×种子千粒重÷发芽率。

例如：番茄每亩定植3000株，种子千粒重3克，发芽率95%。那么，每亩种子用量=（3000+3000×20%）÷1000×3÷95%=11.4（克）。

以上是对散种用种量的计算，对于市场中的商品种，目前大多采用每袋

1000粒进行包装，在包装袋上也会标有发芽率。对商品种种子用量的计算方法是：每亩种子用量（袋）=（种植秧苗数+种植秧苗数×安全系数）÷发芽率÷1000。

例如：番茄每亩定植3000株，商品种每袋1000粒，发芽率95%。那么，每亩种子用量=（3000+3000×20%）÷95%÷1000=3.8（袋）。

在进行播种前，可以采用上述两种方法，根据不同的包装形式进行换算。

21 如何对番茄种子进行浸种、催芽处理？

种子消毒的方法有好几种，根据杀菌原理可以分成两大类，一类是热力杀菌，另一类是药剂杀菌。在生产应用时，可根据当地条件，任选以下一种。

（1）高温处理。将干燥种子放入70℃恒温箱中，处理72小时，然后再浸种、催芽、播种，对番茄病毒病有一定钝化作用。

（2）温汤浸种（图4-5）。一是湿种温汤浸种。先将种子在清水中预浸2～3小时，让种子吸足水分，再浸在55℃的温水中5分钟，温水量约为种子体积的2倍左右，这种浸种方法时间、温度及水的体积要掌握好，时间过长、温度太高容易影响种子的发芽率。二是干种温汤浸种。将干燥种子直接放入50℃温水中浸泡25分钟，尽量保持恒温，也可以先将种子放进50℃水中浸10分钟，然后投入55℃水中浸5分钟，最后将种子放入冷水中。在浸种过程中，要不断地搅拌，使上下温度均匀。

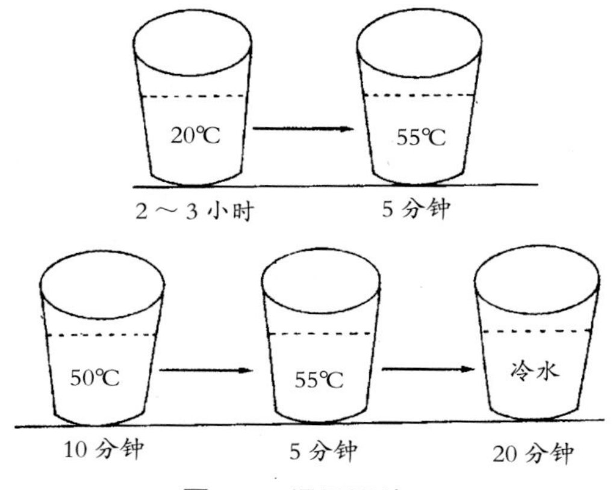

图4-5　温汤浸种

（3）药剂拌种。用70%敌克松粉剂拌种，用药量为种子重量的0.3%，或用50%二氯萘醌可湿性粉剂拌种，用药量为种子重量的0.2%，对防治番茄立枯病发生有显著作用。

（4）药剂浸种。药剂浸种的方法有以下几种。一是福尔马林消毒。先将种子放入清水浸4～5小时，再转到稀释100倍的福尔马林溶液中浸15～20分钟，取出后用湿布包裹放入盆钵内密闭2～3小时，熏蒸消毒，然后再用清水冲洗干净（图4-6）。二是60%多菌灵600倍液、70%甲基托布津1000倍液、75%百菌清600倍液和硫酸铵100倍液等。种子先在清水中浸2～3小时，然后用上述任何一种药剂浸泡10～15分钟，取出种子冲洗干净，再用清水浸种。三是为防止种子上带有晚疫病、绵腐病病菌，用25%瑞多霉1000倍液或40%乙磷酸300倍液消毒效果较理想；为了防止病毒病的发生，可用10%磷酸三钠浸种20分钟，处理方法同上。

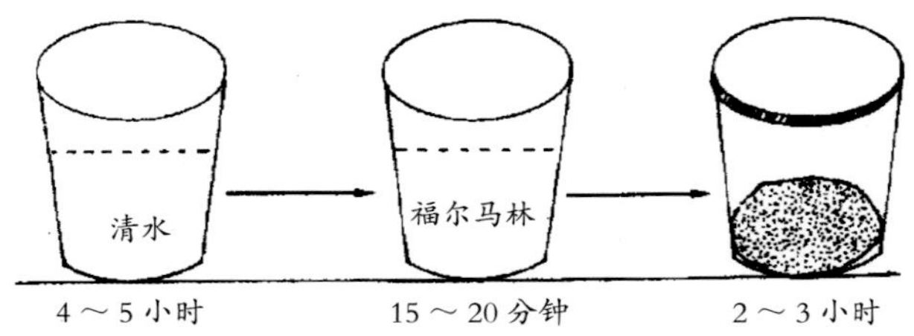

图4-6　药剂浸种（福尔马林消毒）

在进行浸种后需要对种子进行催芽。将充分浸泡的种子放于适宜的温度、湿度及黑暗或弱光条件下，使种子迅速发芽。种子浸种后，捞出洗净并沥干外部水分，用纱布、湿毛巾包好，放到25～28℃下催芽，每天翻动2～3次，并用同温度的水冲洗一次，保持适宜水分，洗去种皮上的茸毛、黏液和污物，防止霉烂，加强透气并使其受温一致，出芽整齐。2～3天后，种子萌动露白，将温度降到22℃左右，使芽健壮。待多数种子出芽，芽长与种子纵径等长时即可播种。如果天气不好不能及时播种，可将出芽的种子放在1～5℃条件下保存，也可以在4～10℃进行保湿蹲芽。经蹲芽后的胚芽，生长粗壮、抗逆性增强。

 如何配制番茄的育苗基质？

过去，在番茄播种时，往往需要配制营养土，配合营养钵的使用来进行育苗（图4–7）。在配制营养土的时候，对土壤的杀菌、肥料添加都需要谨慎操作，工序烦琐，移动不便，难以适应大面积的播种应用。随着技术的发展，现在开展番茄育苗工作，往往选择轻质的育苗基质。

图4–7　利用营养土在营养钵中育苗

目前多用于配制番茄育苗基质的材料有草炭、蛭石和珍珠岩。草炭又称为泥炭，是煤化程度最低的煤，是沼泽发育过程的产物，形成于第四纪，由沼泽植物的残体，在多水的天气条件下，不能完全分解堆积而成。含有大量水分和未被彻底分解的植物残体、腐殖质以及一部分矿物质。草炭含丰富的氮、钾、磷、钙、锰等多样元素，是纯天然的有机物质，排水功能佳，肥效较长，能促进地下根系的生长。草炭是无菌、无毒、无公害、无污染、无残留的绿色物质，是育苗基质的主要组成成分。蛭石是一种天然、无机、无毒的矿物质，在高温作用下会膨胀。它是一种比较少见的矿物，属于硅酸盐。其晶体结构为单斜晶系，从它的外形看很像云母。蛭石是由一定的花岗岩水合产生的，它一般与石棉同时产生。由于蛭石有离子交换的能力，它对土壤的营养有极大的作用。蛭石质轻，水肥吸附性能好，不腐烂，能起到储水保墒、提高基质透气性和含水性的作用，还可起到缓冲作用，阻碍pH迅速变化，使肥料在作物生长介质中缓慢释放。蛭石还可向作物提供自身含有的钾、镁、钙、铁以及微量的锰、铜、锌等元素。珍珠岩是一种火山喷发的酸性熔岩，经急剧冷却而成的玻璃质岩石是珍珠岩矿砂经预热、瞬时高温焙烧膨胀后制成的一种内部为蜂窝状结构的白色颗粒状的材料。珍珠岩矿石经破碎形成一定粒度的矿砂，经预热焙烧，急速加热，矿砂中水分汽化，在软化的含有玻璃质的矿砂内部膨胀，形成多孔结构、体积膨胀10～30倍的非金属矿产品。这种非金属矿产品的有效含水率高达45%，可保持基质水分，利于农作物的根系深入到珍珠岩基质内部吸取养分，防止植株倒伏。目前各地进行番茄育苗的基质配方不尽相同，使用较多的有草炭2份+蛭石1份或草炭：蛭石：珍珠岩=2：1：1。另外每立方米基质中加入15：15：15氮磷钾三元复合肥2.5千克，或加入磷酸二铵1.5千克，或加入尿素1.2千克和磷酸二氢钾1.2千克。每立方米基质还需加入65%代森锌粉剂60克或50%多菌灵粉剂40克，充分搅拌均匀后用塑料薄膜覆盖堆闷3～5天，可以起到消毒作用。基质混合以2～3种混合为宜，pH为5.5～6（图4-8）。

图4-8 利用混好的育苗基质播种

23 番茄壮苗标准是什么？

农谚说“壮苗五成收”。所谓壮苗是指在番茄生产中对不良生长条件具有较强适应性，并且能够获得早熟、高产、优质、高效的幼苗。适龄壮苗既要有适宜的大小，又要生长发育良好。番茄适龄壮苗的标准是，日历苗龄35～45天（高温期育苗）或60～70天（低温期育苗），苗高20厘米左右，茎粗0.5厘米以上，上下粗细相近，节间短且间隔相等，健壮，具有健全的子叶和7～9片真叶，地上部和地下部发育平衡，根系发达，根色白而且须根多，叶片肥厚，叶部健全，叶色深绿，叶背及茎基部呈紫色，花蕾饱满，着花数较多，第一花序着生在第7～9节上，不带病原菌和虫害。达不到壮苗标准的苗除秧苗大小不适宜外，通常是徒长苗或老化苗。徒长苗茎细长，柔弱，节间长，叶片窄，叶色淡，叶肉薄，花芽瘦小，花数少，根系不发达，植株重量轻，干物质含量少。也有的徒长苗地上部茎叶并不瘦弱，但节间长，从下往上各节间逐渐变粗，从整个植株来看，其轮廓呈倒三角形，这种苗根冠比较小，根系发育不良。老化苗一般是由于夜温或地温偏低、肥料不足、床土干旱、苗龄过长、伤根较重等原因造成的，具体表现为叶型小、叶色过淡或过深、叶片小而无光泽、节间短、以后不能正常伸长、后期容易早衰。培育壮苗是保证番茄高产的基础，直接影响着番茄的产量和农民的收益。不同茬口的番茄幼苗，受气候差异的影响，在进行苗期管理时的技术要点应有差异，通过苗期精细化管理才能获得番茄壮苗（图4–9）。

壮苗的定植

徒长苗的定植

图4–9　壮苗和徒长苗的生长状况和定植区别

24 高温期育苗如何进行苗期管理？

番茄高温期育苗主要是为番茄秋延后定植提供壮苗，在我国该阶段育苗多处于夏季高温季节。番茄是喜温性蔬菜，但是高温逆境，以及伴随的高湿、病害要求在育苗期间进行科学的管理。番茄夏季育苗温度较高，播种后气温保持在25～28℃；齐苗后，逐渐降低气温，气温白天保持在20～25℃，夜间保持在15～20℃。穴盘基质温度应控制在20～25℃，高于28℃时幼苗生长速度太快，极易形成徒长苗，管理上应注意及时通风，可采用遮阳网、风扇、水帘等设备进行空气降温。夏季育苗防治徒长关键在于对温度和水的管理，苗期宜进行控水蹲苗，灌溉水最好用井水，有利于基质温度的降低。但要避免因水温太低，导致根系温度剧烈变化而损伤幼嫩的根系。番茄齐苗后，应以叶面喷水为主，禁止大水浇灌，使设施空气湿度控制在60%～80%，湿度过大，易发生猝倒病。根据空气湿度和基质情况决定喷水次数。由于所配制的育苗基质养分充足，一般只浇水即可。幼苗长到3片真叶后可用0.3%的尿素和0.2的磷酸二氢钾或瑞培绿1000倍液叶面喷施进行叶面追肥。夏季育苗因为光照太强，一般需要进行遮阳处理，一是可以防止强光灼伤幼苗，二是可以降低育苗设施的温度。通常在育苗设施上方用遮阳网覆盖，一般处理时间为10：30至16：30。病虫害防治坚持“农业防治、物理防治为主，化学防治为辅”的无害化防治原则，遵照“预防为主，综合防治”的方针。夏季育苗期防治虫害主要针对烟粉虱和蚜虫，采用在育苗设施内张挂黄板，温室通风口、出入口用60目防虫网等措施预防；虫害一旦发生，可用1.8%阿维菌素乳液3000～5000倍液、25%阿克泰水分散粒剂3000倍液喷雾防治。防治病害可通过降低设施环境湿度、种子消毒等措施预防；一旦发生病害，猝倒病可用70%普力克1500倍液喷雾防治，立枯病可用75%百菌清可湿性粉剂800倍液喷雾防治。

25 低温期育苗如何进行苗期管理？

春提早茬口番茄育苗期往往处于气温较低的冬季。此时期育苗往往需要面对低温、高湿、弱光、降雪等不利条件。育苗时应当注意温度控制，白天温度保持在23～25℃，不可以低于15℃；夜间温度控制在13～15℃，不宜低于10℃；昼夜温差保持在5～10℃。当温室温度达不到要求时，可以在苗床下铺设地热线，或者使用加热风机、电暖气、空调等设备进行加温。设施内育苗还可以采用多层覆盖方式，提高苗床温度，减少热量的散失。此外，低温期育苗，因为外界温度较低，不易长时间通风使棚内温度太低，这样会造成棚内湿度较大，病害发生严重。应当在晴天的上午温室内温度达到28℃以上时，拉开通风口，进行排湿，应当控制通风口大小和除湿时间，不能在通风的过程中使苗棚内的热量大量散失。通风时避免冷风直吹幼苗，造成闪苗。此外，秋冬季节光照时间短，光照强度弱，易造成秧苗徒长，影响花芽分化，最终影响后期产量，增加光照有利于培育壮苗。在保证温度的前提下，尽量早揭晚盖内层的小拱棚，也可通过安装补光灯、使用反光膜等人工补光措施，提高育苗设施光照条件。低温使得苗盘蒸腾速率降低，幼苗需水量较小，大量浇水，幼苗极易出现沤根，切忌基质含水量过大。当基质含水量低于50%时，在晴天的上午进行灌溉，使基质含水量达到80%左右为宜。灌溉时使用棚内贮存的水，水温太低会造成幼苗根际温度骤降，影响番茄苗正常生长。冬季育苗时间较高温期育苗周期长，在育苗后期，可以适当补充叶面肥。定植前7～10天，常用低温锻炼的方法进行低温炼苗。白天温度逐步降到20℃左右，夜间降到5～10℃。避免温度骤降引起幼苗不适。白天逐步加大通风量，延长通风时间使幼苗所处温度条件与定植后的环境条件逐渐一致。

26 如何进行番茄幼苗嫁接？

嫁接就是将一种植物的枝或芽接到另一种植物上，使其获得该植物的营养，完成生长发育的技术。用于嫁接的枝或芽称为接穗，承受接穗的植株称为砧木。生产上番茄嫁接不仅可以解决番茄青枯病、镰刀菌根腐病、根结线虫病等病害的发生，还可以有效地减轻连作障碍对番茄生长的影响。选用抗病、根系发达的品种作砧木，利用砧木的优良特性，将优质丰产品种的接穗嫁接上，嫁接后的番茄长势强、抗病性高，在一定程度上可以提高产量，增加产值。砧木的选择应首先考虑对土传病害的抗性，同时兼顾与接穗的嫁接亲和力及共生亲和力，最好是选用对多种病害有综合抗性、根系强大、耐热、对土壤适应性强或抗根结线虫的品种。我国北方和南方番茄主要病害存在一定差异。北方地区番茄嫁接应选择抗枯萎病、根结线虫病的砧木品种；南方地区青枯病严重，砧木应选择高抗青枯病，兼抗根结线虫病、枯萎病的砧木品种。目前日本等国家已筛选出一些抗病砧木品种应用于生产。我国使用的番茄砧木品种，有的是从国外引进的，有的是从野生番茄中筛选出的。接穗应选择适合当地栽培习惯、消费习惯、品质优、坐果率高且丰产性优良的品种。同时，要求砧木与接穗嫁接亲和力强，嫁接后愈合快，又不会因砧木和接穗生长快慢不一致而脱落。番茄嫁接的方法很多，目前主要有劈接法、靠接法和插接法。随着生产实践的发展，基于对基本方法的优化改进，也衍生改良出插接法、套接法、靠接法等嫁接方法（图4–10）。

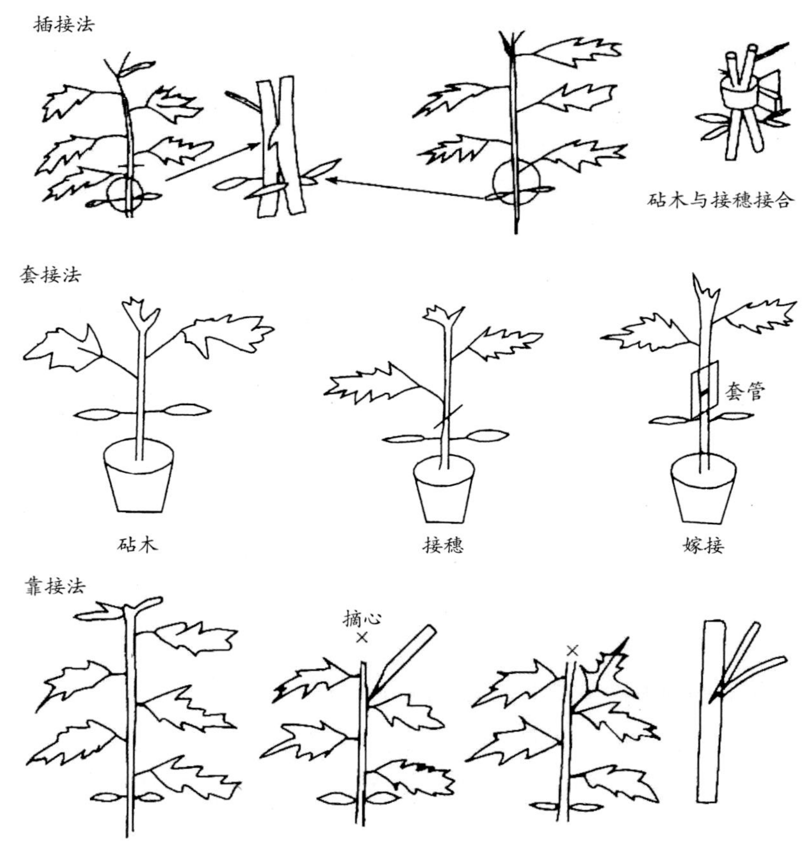

图 4-10　不同嫁接方法示意图

 如何管理嫁接苗？

影响成活率的主要因素是嫁接后的环境条件。与嫁接苗成活率关系最为密切的环境条件是温度、湿度和光照。嫁接后白天保持25～28℃，夜晚保持16～20℃，温度低于15℃或高于30℃都不利于接口愈合，影响成活率。嫁接苗伤口愈合以前，接穗的供水主要靠砧木与接穗间细胞的渗透，供水量很少。嫁接后扣小拱棚封闭保湿，嫁接苗定植后要充分浇水，保证嫁接后3～5天空气湿度为90%～95%，嫁接后2～3天不进行通风，第3天以后选择温暖且空气湿度较高的傍晚和清晨通风，每天通风1～2次。随着伤口的愈合要逐渐加大通风量，通风期间棚内要保持较高的空气湿度，地面要经常浇水，完全成活后转入正常管理。如遇阴雨天，则以揭掉草帘为宜。如揭掉草帘后接穗出现萎蔫，仍应盖上草帘。砧木与接穗的融合与光照关系密切，在弱光条件下，日照时间越长越好。嫁接后遮光实质上是为防止高温并保持环境内的湿度，避免阳光直接照射秧苗，引起接穗的凋萎。正常情况下，第2天上午、下午，可将草帘揭除各30分钟，使苗晒到太阳，但应避免强光照。从第3天起，每天上午、下午的揭帘时间可延长30分钟。从第4天起，揭帘时间再延长30分钟，使苗逐渐适应光照，并可适当进行通风换气，降低湿度。第7天前后，随着接口愈合和根系恢复生长，如非恶劣天气，可完全去掉草帘。砧木不能潮湿，出现轻度萎蔫时不需浇水，用草帘遮光后便可恢复正常。番茄苗嫁接成活后去夹不能过早，当伤口完全愈合牢固后再去夹。采用塑料条绑缚接口的苗可早些松绑，但需逐渐缓解，不能一下全松开。嫁接后两周，如砧木上有新芽长出，应及时抹去，此后按正常苗床管理。

 如何防止番茄带帽出土？

幼苗顶壳出土是种子出苗时没有将种壳留在土中，种壳夹着子叶一起出土，俗称“带帽苗”（图4-11）。由于子叶不能正常伸展，光合作用弱，影响前期幼苗生长，同时对真叶的生长也有一定的妨碍作用。造成番茄带帽出土的主要原因有：一是种子贮藏过久，种壳过硬；二是种子成熟度不够，或者种子陈旧，生命力低，幼苗出土时，无力脱壳；三是播种时底水不足，种子尚未出苗，表土已变干，使种皮干燥发硬，往往不能顺利脱落；四是播种时覆土太薄或覆土太轻，土壤对种壳的压力不够。覆土厚度在0.8～1厘米为宜，不宜太轻太薄。但覆土也不能太厚，出苗时种子吸收的养分由胚乳中贮藏的营养物质提供，覆土太厚容易导致番茄出苗后秧苗细弱，影响壮苗的培育。针对带帽出土，可以选用当年新的种子或1～2年的陈种进行播种，若发现种子带壳应及时覆一层细土，浇足底水；在发生较少时可以人工帮助摘除种壳。

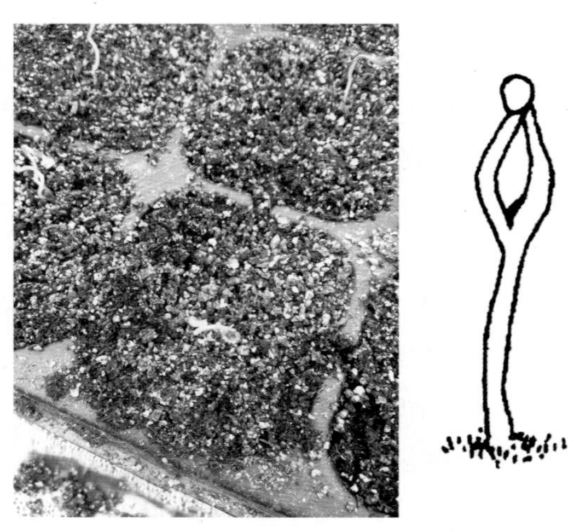

图4-11　番茄种子带帽出土及其示意图

29 番茄苗期猝倒病和立枯病的区别有哪些？

猝倒病和立枯病是番茄苗期的主要病害，因其发病症状类似，容易混淆。

番茄猝倒病俗称掐脖子病，病原物为瓜果霉菌，通过土壤、种子、农家肥等形式传播，发病时在茎基部近土表处出现黄褐色水渍状病斑，并迅速扩展绕茎一周后植株倒伏。幼苗一旦染病，可迅速向周围蔓延，引起成片发病。

立枯病病原物为立枯丝核菌，在番茄茎基部侵染后，形成长圆形或者椭圆形病斑，有明显凹陷，病斑绕茎一周后病株出现缢缩，根部逐渐干枯，使植株无法吸水而枯死。

根据发病症状可以对猝倒病和立枯病做如下区分：①猝倒病幼苗尚未完全萎蔫时即倒伏在地，立枯病幼苗在枯死后仍然直立；②在湿度大时，猝倒病苗在幼茎被害部及周围地面产生白色絮状物，而立枯病则产生浅褐色蛛丝网状霉层；③猝倒病一般发生在3片真叶之前，特别是刚出土的幼苗最易发病，而立枯病则发生较晚（图4-12）。此外，猝倒病与生理性沤根也有相似之处。但沤根多是由低温、积水引起。沤根常发生在幼苗定植后，如遇低温、阴雨天气，根皮呈铁锈色腐烂，基本无新根，地上部萎蔫，病苗极易被拔起，严重时成片幼苗干枯。在防治猝倒病和立枯病时，应加强对育苗基质和种子进行消毒。防治猝倒病时，应当防治苗床高湿、低温、光照不足；防治立枯病时，避免苗床温度高于30℃，控制苗床湿度。当发现幼苗发病时，可选用68%精甲霜灵600～800倍液或25%吡唑醚菌酯乳油2000～3000倍液加75%百菌清可湿性粉剂600～1000倍液进行猝倒病防治，视病情7～10天喷一次；选用70%甲基硫菌灵可湿性粉剂800倍液或40%百菌清可湿性粉剂800～1000倍液防治立枯病。两种病同时发生时，可以混合药剂施用。

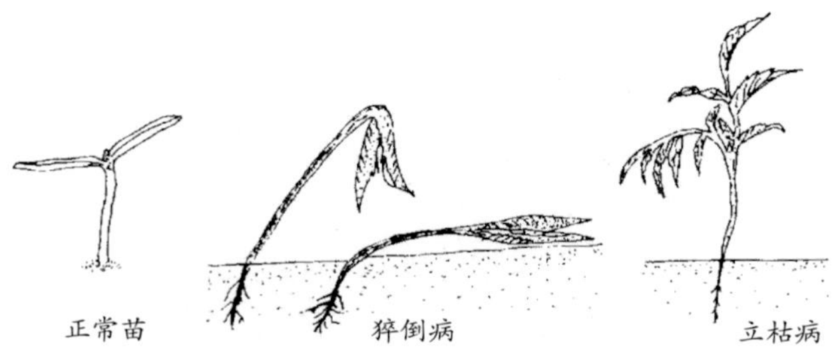

图4-12　猝倒病和立枯病发病示意图

30 番茄幼苗如何进行分苗？

在非穴盘育苗过程中，番茄幼苗出土后，为了扩大幼苗之间的距离，使其有足够的空间继续发展茎叶和根系，满足幼苗进一步生长发育时对营养和光照的要求，必须把幼苗从原育苗床中移至新的苗床中加大苗距继续培育，这一措施叫移苗（又称分苗），它是获得早熟、丰产、高效的重要措施之一。将播种床中的幼苗移到另一个苗床或营养钵等移苗设施中，扩大幼苗的单株营养面积，可以满足幼苗进一步生长发育对营养、水分和光照的需求，有利于促进花芽分化和形成；分苗时切断主根，可以促进侧根的生长，使秧苗茁壮、茎粗大、叶变厚、抗逆性增强；分苗还能淘汰弱苗、病苗、老化苗、僵化苗、徒长苗等。分苗时必须掌握保护子叶、少伤根系、防止脱水的原则。

分苗前5～7天对幼苗进行低温、干旱锻炼。控制幼苗生长速度，使幼苗更壮实，增强对不良环境的抵抗能力；促进根系生长，增加生根量，有利于分苗后快速缓苗。白天温度15～20℃，夜间温度10～12℃，早揭晚盖覆盖物，延长光照时间，同时加强苗床通风管理。

番茄分苗一般在花芽分化前进行比较适宜，可较少影响花芽分化。番茄的花芽分化一般在2.5片真叶时进行，因此分苗最佳时期是2叶1心时（图4-13）。温室、温床内培育的子苗，由于温度高、生长快，分苗期可适当早些，而冷床育苗的分苗期适当晚些。分苗过早，幼苗组织幼嫩，根系弱，不易缓苗，成活率低；分苗过晚，幼苗在播种床拥挤拔高，根系弱，叶面积大，蒸腾量大，伤根多，不易成活，而且影响花芽分化，造成将来的落花落果及畸形果。

图4-13　适合分苗幼苗大小

分苗时应选晴朗无风天气，抓紧在气温较高的中午前后进行。一般应在上午9时至下午3时，当大棚内气温在10℃以上时分苗，不宜在其他时间进行。分苗前备好营养土，营养土要整细、整平，防止土块伤根。起苗时不浇水，防止幼苗根部带泥块，分苗后缓苗慢。一般在移苗前一天再浇透水，这样起苗时幼苗可多带土、少伤根。取苗时动作要轻，应避免损伤幼茎和子叶，子叶的完好对培育壮苗很重要，应特别注意保护。栽植时要浅栽，子叶露出，根系在土壤中要舒展，防止根系挤成一团或卷曲扭结。分苗密度一般采用10厘米×10厘米为宜。幼苗移栽后浇透定根水，可使浮土下沉与根密切接触，并增加床内湿度，有利活棵（图4-14）。

图4-14 左侧为待分苗苗床，右侧为分苗后苗床

第五章 番茄定植技术及主要栽培类型

31 番茄定植技术要点是什么?

番茄定植常见的有沟栽、畦栽、垄栽3种方式。沟栽一般是将幼苗栽到沟侧，能增加土壤的见光面积，有利于提高地温、控制浇水量。畦栽一般是幼苗定植在高20厘米左右的畦上，双行定植，可避免地温过高。垄栽有利于提高土壤透气性，便于浇水和冲施肥等，可采用高垄单行定植。

在不同生长季节，依据不同的栽培类型适时定植。一般春番茄定植应在晚霜过后，大概在2月上中旬至3月上中旬，当苗龄达到45 ～ 60天、具有5 ～ 6片真叶时进行定植。秋冬番茄在正常生长情况下，苗龄达到25 ～ 30天、具有5 ～ 6片真叶时进行定植。可以定植前覆盖地膜（图5–1），也可定植缓苗后再覆盖地膜（图5–2）。定植时要带坨并与周围土壤无空隙，深度以茎基部埋入土中1 ～ 2厘米为宜，可促使长出不定根。如果定植期延误，苗老茎长，可将

图5–1　覆膜畦栽

图5–2　不覆膜畦栽

秧苗斜卧种植，幼苗顶端露出畦面10厘米，下部茎用土覆盖，保持泥土湿润，诱发不定根的发生，复壮幼苗。若盖有地膜，则将开口处用土封好。随定植随浇定根水，并浇透，这对活棵及提高成活率均有一定作用。定植前最好普遍用一次杀菌剂，做到带药定植。

番茄栽培过程中定植密度一定要合理，因为定植密度对早期产量和总产量都有很大影响。定植密度过小，不能有效利用地力，单株产量虽然有所增高，但总产量不高，经济效益下降。而密度超过限度时，由于株数增加，植株光照削弱，光合作用强度降低，损失便超过了增加株树的收益，最终反而降低产量。定植距离应视品种特性、整枝方式、气候及土肥、人力条件灵活掌握。一般每畦种两行，每亩栽2000～2500株。

定植宜在无风的晴天进行，切忌下雨天定植。定植后苗子需要一段时间来适应棚室环境和土壤环境，若是定植选择在阴天，棚内湿度大，苗子会吸收空气中的水分维持生长，而一旦晴天，植株蒸腾加剧，会出现萎蔫现象，不利于缓苗，选择在晴天移栽就不会出现上述问题。影响露地番茄定植成活率的因素还有风害，因此定植时要掌握刮风规律，躲开刮风的高峰期，赶在无风天气定植。

栽苗时要进行选苗，剔除瘦弱、无生长点、生病等幼苗。

32 徒长苗怎样进行定植?

在育苗过程中，番茄经常因温度高、湿度大、光照弱等而徒长形成茎秆细长的“高脚苗”，一般表现为茎细弱、根系小、吸收能力弱。如果用正常直栽苗法定植徒长苗容易发生倒伏、萎蔫，并造成减产。因此一般采用番茄卧栽苗法，将番茄大部分苗茎斜栽入地下，地面上留大约10厘米生长点。采用番茄卧栽苗法主要优点如下。

（1）前期生长快、结果早、产量高。由于番茄的茎秆可生长不定根，卧栽使进入地下的茎秆加长，增加了植株根的着生部位，增大支持和吸收面积，较直栽的根系发达。卧栽苗法使幼苗缓苗快、成活率高、叶面积和单株重明显增加，前期生长加快，有机物质积累多，开花坐果早、成熟早、产量高。

（2）提高成活率。卧栽苗法降低地上部苗茎长度，有效防止植株倒伏，避免幼苗头部接触地面导致叶片受地温蒸烤和日晒而萎蔫，从而提高成活率。

（3）改善通风状况，降低病害发生。这也为适当提高定植密植提供了保证。同时卧栽苗法使地上部高矮一致，便于管理。

大棚早春茬栽培的技术要点是什么?

（1）品种选择。应选择在低温弱光条件下坐果率高、果实生长发育快、抗病性强、商品性好、早熟、丰产、耐贮运的品种。

（2）培育壮苗。壮苗可为丰产打下基础，徒长苗和小老苗都会大幅影响产量。播种后要保持苗床或穴盘湿润，保持白天25～28℃，夜间18～20℃；在有30%的幼苗出土后，及时揭开地膜或无纺布，以利秧苗尽早见光；秧苗出齐后要适当控制水分，及时降温，白天20～25℃，夜间12～15℃。早揭晚盖并清扫薄膜上的尘土，以延长光照时间和提高光照强度。选择晴朗无风的中午进行间苗，第一次在子叶展开时，第二次在破心后长出2片真叶时。定植前的7天左右，加强通风，使秧苗接受低温锻炼。

（3）整地定植。定植前深翻土壤25～30厘米，冻垡、晒垡，有利于幼苗根群的发展，并减少土壤中越冬病原菌。在定植前15天扣大棚棚膜，每亩施优质农家肥4000千克以上，加施50千克过磷酸钙或25千克复合肥，精细整地做畦，覆地膜。

（4）定植。早春番茄幼苗达到定植标准时，在不受冻害的前提下，定植时期越早越好。当棚内10厘米土温稳定通过8～10℃、棚内气温最低稳定通过5℃时就可定植。长江中下游地区采用单层覆盖的一般2月下旬3月下旬定植，双膜覆盖可适当提早。定植时选择晴天上午进行，并在此之前闭棚增温。定植后浇定植水，浇水不要过多，以防降低地温。并于第二天再覆一次水，以利于缓苗。定植时要去除弱苗、病苗、劣质苗等。每亩定植2200株左右。

（5）定植后管理。定植后3～4天不放风，棚内维持25～30℃，夜间保持15～17℃，当棚温超过30℃，也要进行短时通风降温。缓苗后要降低棚温，白天20～25℃，夜间12℃～15℃，但夜间温度不能过低，否则影响植株正常发育。第一穗果膨大后浇水，一般每7天左右浇水一次。选择晴天浇水并浇透。在盛果期番茄需水量大，一般4～5天浇一次，浇水要多，切勿忽干忽湿，以防止产生裂果。浇水应于下午或傍晚进行，有条件的最好采用膜下暗灌或滴灌。根据植株的生长情况随水追肥。等秧苗长到30厘米左右就可以搭架或吊蔓。根据品种特性及栽培条件进行单干或双干整枝。及时进行打杈、摘心、打老叶等。应用植株生长调节剂或熊蜂授粉。早春茬主要病害有早疫病、晚疫病、叶霉病、灰霉病、病毒病等，主要虫害为蚜虫、烟粉虱、美洲斑潜蝇和棉铃虫等，应及时进行防治。

大棚秋延后栽培的技术要点是什么？

（1）播种育苗。一般在7月上中旬播种，播种后3天，有30%幼苗出土后揭去土表的覆盖物。晴天在日出后2小时左右盖上遮阳网，日落前1小时揭去遮阳网，晚上不盖遮阳网，阴天也不宜盖遮阳网。定植前7天进行炼苗。一般晴热天气早晚用洒水壶浇水1～2次。苗期一般不追肥。在苗床周围拉上条状银灰色塑料薄膜，可以拒避蚜虫。定期撒些毒饵诱杀蟋蟀、尖头蚂蚱等农业害虫。

（2）定植前准备。6—7月上茬收获后，及时清除植株残体，每亩撒施生石灰30～60千克，深耕，开深沟灌水，放下棚膜密闭大棚15天，利用高温进行大棚消毒。每亩施腐熟有机肥3000～4000千克，翻两遍，使肥料与土壤充分混匀。翻地后，施入复合肥40～50千克、过磷酸钙35千克。施肥的同时还应该施入杀菌剂。做成小高畦，畦宽80厘米，沟宽40～50厘米，畦高30厘米左右，覆盖地膜。

（3）定植。苗龄25～30天，一般在8月上中旬定植，每亩定植2000～2500株。阴天可全天定植，晴天在下午3时后定植，以防阳光直射，切忌阴雨天定植。随种随浇透定根水。

（4）定植后管理。9月中下旬之前通常是高温、强光天气，以遮阳防晒为主，需昼夜通风。进入10月中下旬，气温开始下降，要及时扣棚膜，防寒保温。扣棚初期，要加大通风量，随外界气温降低，减少通风量，慢慢扣严。当外界气温低于15℃时，夜间不再通风，白天可适当通风排湿。气温降至10℃时，夜间架小棚和盖草帘保温，以后随着气温降低，增加覆盖物防冻保温，保证番茄正常生长发育。宜在清晨或傍晚时浇水，禁止在中午土温较高时浇水。

施肥时期和施肥量应根据长势灵活掌握。一般在第一穗果膨大后进行第一次追肥。一般采用单干或双干整枝。用植株生长调节剂点花保果或熊蜂授粉。秋番茄前期因高温多雨易发生番茄曲叶病毒病、花叶病毒病等病害，因此前期重点防治烟粉虱、蚜虫等，中后期主要防治叶霉病、早疫病、晚疫病等病害。

35 日光温室冬春茬栽培的技术要点是什么？

温室番茄冬春茬栽培指秋季播种、冬季生产、春节期间上市、以供应冬春市场为主要目标的栽培方式，采收期可达150天以上的茬口安排。

（1）品种选择。栽培期间正处于低温、弱光、光照时间短、灾害性天气较多的时期，在品种选择上宜选择耐低温、耐弱光、不易徒长的中熟或中晚熟品种。

（2）播种育苗。适宜播种期在10月下旬到11月上中旬，苗龄60～70天。苗期尽量增强光照。出苗前，一般不进行通风，白天控制在25～30℃，夜间18～22℃；出苗后，白天18～25℃，夜间12～15℃。定植前7～10天，进行低温锻炼，气温白天15～17℃，夜间10～12℃。苗期尽量不灌水，若确需要浇水应选晴天上午进行。播种后到出齐苗前，棚内空气相对湿度保持在70%～85%，出齐苗后保持在50%～60%。经60～70天的管理，幼苗6～7片叶、现大蕾时，即可定植。

（3）整地定植。定植前清除前作秸秆、杂草等植株残体，消毒闷棚一昼夜。结合整地，每亩施入优质有机肥5000千克以上、磷酸二铵30千克、硫酸钾25千克。深翻，耙平，做成小高畦或垄，并铺设地膜。一般在12月下旬到1月上中旬定植。定植应在晴天上午进行，利于活棵。每亩定植2200株左右。

（4）定植后管理。冬春茬番茄开花结果前期，温度低，光照弱，花粉发育不正常，易落花落果，生产上常用番茄灵、防落素等处理或采用熊蜂授粉。定植初期白天温度20～30℃，超过30℃时适当通风降温，夜间15～18℃。缓苗后白天温度控制在20～25℃，夜间温度15℃左右，可减少养分消耗，有利于开花、坐果。结果期以后，白天温度保持在20～25℃，前半夜13～15℃，后半夜7～10℃，地温18～20℃，一般不低于13℃。日光温室番茄冬春茬栽培，特别是到2月中旬以后，要注意放风，严防高温，因为长时间高温管理易引起病毒病加重和植株衰秧。浇水要在晴天上午进行。浇足定植水，当第一穗果坐住并开始膨大时浇水追肥，此外还可补充二氧化碳肥，在第一个到第二个花序果实膨大时施一次，生产中期再施一次。适宜番茄生长的二氧化碳浓度为0.1%～0.15%，晴天多施，阴雨天或光照不足时，可少施或不施。冬春茬番茄的主要病害有早疫病、晚疫病、灰霉病、叶霉病，应采取预防为主、综合防治的方法；主要虫害有白粉虱、蚜虫、美洲斑潜蝇、茶黄螨等。冬春茬栽培从开花到果实成熟需要60～70天。如果温度、光照条件管理较好，则可提早成熟，管理差则延期成熟。

36 日光温室秋冬茬栽培的技术要点是什么？

（1）品种选择。秋冬番茄生长前期正值高温、多雨、强光、昼夜温差小的季节，中期易染病毒病，生长后期则温度日趋下降甚至可能会遇上12月下旬至1月下旬出现的寒潮侵袭以及霜冻，因此在品种选择上要选用生长势旺盛、抗病性强（尤其是抗病毒病）、耐低温弱光、耐贮、丰产优质的品种。

（2）培育壮苗。一般在7月中下旬至8月中旬播种比较适宜，要十分注意水分供应。晴天中午前后温度超过35℃时，应加盖遮阳网，防止幼苗灼伤及徒长。有条件的可在防虫网内育苗，这对避蚜、减轻病毒病的发生很有效。在定植之前的5～7天，使秧苗直接暴露在强光下进行锻炼。

（3）整地定植。一般在8月下旬或9月上中旬定植，于阴天或晴天下午进行。定植前先扣好棚膜，通风口处安好防虫网，关闭通风口，高温闷棚7～10天。施足基肥，一般每亩施腐熟的农家肥5000～7000千克，加施磷酸钾50千克或复合肥25千克，以及过磷酸钙20～25千克。深翻土壤30厘米左右。做小高畦，定植两行。每亩定植2200株左右。

（4）定植后管理。株高30～40厘米时，就要吊蔓，并及时绕秧于吊绳上，吊秧时间以下午为宜。一般采用单干整枝。当达到所要求的果穗时，应打顶摘心。生长前期外界温度高，必须充分供应水分，以降低地温。除施足基肥外，还要按照番茄不同的生长发育期，合理追肥。进入11月中下旬，在不影响室温的前提下，早上尽量早揭草苫，晚上要稍迟覆盖；阴天时，也要揭开草苫，增加室内散射光。有条件的在温室后墙张挂反光幕，以增加光照量。

同时每日应清洁塑料薄膜，减少积尘。定植后外界温度比较高，应加大放风量，防止番茄徒长。进入10月下旬至11月上中旬上草苫，夜间覆盖注意防寒。如加草苫以后，夜间达不到12℃，再加防雨膜。生长后期外界温光条件转好，以适当通风降温为主。缓苗期白天28～30℃，夜间15～18℃；缓苗后白天25～28℃，夜间15～17℃；开花坐果后要提高白天温度至28～30℃，但要降低夜间温度至13～15℃。用植物生长激素处理保花保果。温室秋冬茬番茄主要病害有病毒病、青枯病、叶霉病、晚疫病、灰霉病等；主要虫害有蚜虫、烟青虫、棉铃虫、斑潜蝇、白粉虱等。应以防为主，进行综合防治。

37 日光温室长季节栽培的技术要点是什么？

番茄日光温室长季节栽培是有助于实现省工省本、高产高效的周年种植模式，既可以满足四季上市，又能提高产量，从而促进农民增收。

（1）品种选择。此茬番茄生长期长，一般从当年7月下旬或8月上旬延续到翌年6—7月，其生育期历经夏、秋、冬、春四季，气候条件特殊，故应选用耐高温、耐低温弱光、连续坐果能力强、抗病、丰产、优质等无限生长型的中、晚熟品种。

（2）培育壮苗。一般在7月下旬或8月上中旬播种。播种后3～4天可出苗。中午温度较高时要加盖遮阳网。移栽前炼苗4～5天，逐渐减少盖遮阳网的时间。

（3）整地定植。定植一般在8月中下旬或9月上中旬。此茬番茄生长期长必须施足底肥。一般每亩施腐熟有机肥8000千克左右、过磷酸钙50千克、硫酸钾40千克、硫酸锌3千克，并深翻土地。精细整地做畦。每亩定植2500株左右。定植应选择晴天下午进行。定植前对秧苗喷一次杀菌剂。

（4）定植后管理。浇足定植水。生育前期以土壤施肥为主，中后期逐渐减少土壤施肥次数，增加叶面施肥次数。当第一果穗第一果膨大后结合浇水追肥。以后每一穗果膨大后追1次肥。冬春季节可在晴天上午增施二氧化碳气肥，结果后期要适当多施钾肥。白天温度控制在25～28℃，夜间控制在13～17℃。定植后温度较高，要以通风降温为主。10月下旬后要陆续盖上草苫、纸被等防寒保温物。采用吊蔓栽培、单干换头整枝方式，及时落蔓。根据植株生长情况保留10～13穗果。根据植株长势适当留果。长势强、生长健壮的植株，第一穗、第二穗、可留3～5个果，第三穗后可留5～6个果。长势弱的植株，第一穗、第二穗尽量少留甚至不留果，促使植株尽快生长。长季节栽培时对病虫害应坚持“预防为主、综合防治”的方针，并根据生长期病虫害的发生规律进行综合防治。苗期以预防猝倒病、立枯病、病毒病为主，兼治蚜虫、白粉虱；定植后注意防治茎基腐病、早疫病、晚疫病、斑潜蝇等；进入冬季后易发生灰霉病、叶霉病等；春季气温回升，注意防治早疫病、晚疫病、灰霉病、叶霉病等。

第六章

番茄温光水肥管理技术

缓苗期如何进行管理？

一般定植后5～7天为缓苗期，当秧苗心叶转绿时，表示已经开始萌发新根，说明缓苗期结束。缓苗期间应十分注意温度、水分的管理。

（1）温度管理。番茄缓苗期间对温度的要求比较严格，白天适宜温度为25～30℃，夜间适宜温度为16～18℃。夏秋季定植后由于外界光照较强，中午设施内温度很容易超过35℃，幼苗失水严重，容易造成萎蔫，如果长时间高温，还容易导致幼苗枯死。降低设施内温度的主要措施就是进行遮阴，白天中午前后在设施外覆盖遮阳网，温室栽培的可以盖草苫。缓苗期一般不通风，如果设施内温度超过30℃可适当通小风；在大风天气要压好棚膜，防止突然遭受大风侵袭，使秧苗根系吸水与叶片蒸腾作用不均衡，出现秧苗风干现象。冬春季定植主要注意防寒保温。缓苗期设施一般处于比较密闭的状态，如果使用未腐熟的有机肥导致有害气体产生，需及时进行通风换气。

（2）水分管理。缓苗期间水分不足或者过多都不利于缓苗，适宜的土壤湿度是地面呈多湿少干状态。定植时要浇足定植水，如果缓苗期间土壤发生干旱，要及时浇缓苗水。缓苗水要在晴天早晨浇。浇水后密闭棚室增温2小时左右，当温度提高到35℃时，再由小到大逐渐放风排湿，以减少夜间结露。

39 缓苗后如何进行温度、光照管理？

当幼苗生长点附近叶色转绿时，表明已经开始萌发新根，已经缓苗，为防止营养生长过旺，缓苗后将温度逐渐降下来。设施栽培的温度调节主要是夜间靠覆盖草苫、纸被保温，早晨太阳升起后揭起，白天温度升高后进行放风。用放风早晚、放风量大小、放风时间长短来调节各个生育阶段的适宜温度。白天保持在25℃左右，夜间13～15℃、最低不低于10℃。在早霜来临之前把棚膜扣上，防止霜打苗和土壤水分蒸发。扣棚膜后，室内气温地温快速升高，须及时通风排湿降温。上午25℃左右，温度适当高些，有利于养分的吸收和光合作用。超过25℃时开始通风，通风时通风量均应从小到大，逐步增大或减小，否则温度变化过于强烈，会影响秧苗生长，最高温度不超过32℃。下午减少通风量，气温保持在20～22℃，降到20℃以下时，将通风口全部关闭，傍晚到上半夜16～18℃，下半夜10～12℃，以促进光合作用产物转运，减少呼吸消耗，增加植株体内养分积累。温度低于10℃时，畸形花数量增多，授粉不良，不易坐果。清晨最低温度达不到8℃时，需增加草苫或纸被等的覆盖层数，或加设临时加温设施增温，加强防寒保温。开花期，白天应保持在25～30℃，夜间15～18℃，低于15℃和高于35℃均不利于正常开花和授粉受精。结果期，白天适温应为25～28℃，夜间15～17℃，清晨最低气温应在13℃左右，土温20℃左右。温度过低，果实生长缓慢；温度过高如30℃以上，会影响果实着色。因此，当果实膨大后，由白熟到挂红线时室温保持在24℃左右，不要高于25℃，当果上已挂红线时室温稍高2～3℃，起催熟作用。天气逐渐转暖以后，应加强通风降温。当外界最低气温超过15℃时则需要昼夜通风。

 冬季如何进行增温保温？

（1）挖防寒沟。在温室后墙约100厘米处、棚前10厘米处沿棚挖深50～80厘米、宽40～60厘米的防寒沟，底部填充锯末、杂草、秸秆等保温材料后踏实，覆盖薄膜，可有效阻止温室内地温向室外传导导致热量散失，从而起到保温作用。

（2）棚室封闭严密。设置缓冲间、张挂门帘等，缓冲间用的薄膜顶部要固定在棚面钢丝上，与棚膜接触。缓冲间要尽量密封好，否则就起不到缓冲的作用。墙体的缝隙、棚膜上的孔洞要及时封严，防止冷空气入侵；压膜线固定紧实，确保放风口闭合紧密。

（3）多层覆盖。棚室采用透光保温性能较好的膜覆盖，如无滴PO膜或EVA膜，温室外加盖草苫（棉被），并在温室内部搭建1层活动二膜或者无纺布等；大棚一般可以搭建2～3层活动拱棚，并在最内部拱棚覆盖无纺布等（图6–1），可有效提高温度。

图6–1　多层覆盖增温保温

（4）及时清洁棚膜。经常检查棚膜并及时清扫、清洗薄膜外附着的灰尘、积雪等杂物；薄膜内面凝结的水滴也要及时拭去。有条件的，1年更换1次塑料膜，可大幅度提高其透光率，使更多光能转化为热能，增强棚室的增温保温性能。

（5）增强后屋面防寒效果。温室后墙处于背阳面，见光少，使用多年的棚室，还会因雨雪水渗入后墙，影响后墙的牢固性和保温性。可根据后屋面支撑架的强度，采用不同保温材料如草、棉毡、废旧棚膜、无纺布等将后墙覆盖起来，这样不仅能防雨雪，还能提高后墙的保温效果。

（6）人工辅助增温。如安装暖风炉、暖气、增温灯等。一般1个200瓦增温灯可满足30～40米^{3}空间的苗不受冻害。也可使用增温块，它产生热量大、燃烧慢，一亩地使用4～6块即可达到良好的增温效果。增温块使用方法简单，用打火机点燃，将其放在用砖支撑的筛网上，保持离地高度15厘米以上，给风良好，燃烧完全。一个增温块（400克）的燃烧时间长达2.5小时。利用反光幕增温，将反光幕张挂于温室后墙，与地面保持75～85°角为宜，可明显增加光照，不仅可提高地温，还可提高气温。

 如何调节设施内光照？

在光照时间短、强度弱的季节，光照往往达不到番茄正常生长发育所需要的强度，需要采取措施增加棚室内光照强度和光照时间。而当棚室温度超过番茄生长适宜温度，且放风仍不能降温时，为了防止强光、高温对番茄叶面灼焦及高温障碍，可采用遮光技术。

（1）采用透光率高、无滴、防雾的棚膜作为透明覆盖材料。一般EVA膜1年换1次，PO膜2～3年换1次。及时清理棚膜表面，保持棚膜清洁，增大透光率。

（2）利用反光幕（膜）补光。在温室后墙或栽培畦后侧悬挂反光幕（图6-2），太阳光照射到反光幕上，反射到反光幕前的地面和空中，可有效增加温室后部光照，并能提高地温和气温；地面铺设反光膜如银灰膜进行补光，可增加植株间光照强度，并能防止下部叶片早衰。

图6-2 日光温室利用反光膜补光

（3）人工补光。选择日光灯、高压汞灯、高压钠灯、弧氙气灯等进行补光。灯应距离植物生长点和棚膜各50厘米左右，以保证使用安全。在揭苫前和盖苫后各补光2小时左右，自然光增强后关灯，阴天、雨雪大雾天气全天补光。

（4）采用南北行定植，加大行距，缩小株距，减少植株间遮阴；及时进行整枝打杈，去除老、病、死叶，改善冠层光照。采用多层覆盖的大棚，白天要及时揭开棚内的小拱棚，有利于番茄受光。在满足棚室内温度需求的情况下，草苫或保温被等应尽量早揭晚盖，增加阳光照射时间。采用地膜覆盖栽培、膜下暗灌、适时通风等措施降低棚室内湿度，减少光线衰减。

（5）**遮光**。遮阳网、防虫网都有很强的遮光能力，如在夏季采用遮阳网覆盖（图6-3），可降低光照强度和温度，保持土壤湿润，有利于出苗。

图6-3　覆盖遮阳网遮光

42 缓苗后水肥管理的关键技术有哪些?

番茄定植水充足的情况下，等缓苗后浇一次缓苗水，此后第一穗果坐住前一般不浇水，控制地上部徒长，促进根系发育。如发现地膜下不显水珠或中午叶片稍有萎蔫时，及时适量膜下浇水。待第一穗果膨大后，开始浇水，一般每隔7～10天浇一次，经常保持土壤湿润。

第一穗果膨大后追一次催果肥，每亩追尿素或硝酸铵15～20千克，过磷酸钙20～25千克，或磷酸二铵25千克，缺钾时追硫酸钾10千克，追肥结合灌水。此后每膨大一穗果都要追肥一次，氮、磷、钾比例合理搭配，有机肥和化肥交替使用。施肥量根据植株长势来定。拉秧前约20天不再追肥。另外，整个生长期均可进行根外追肥，结果期收效更大，尤其在不进行土壤施肥的条件下，进行叶面喷肥效果更好。在开花坐果前，如植株营养生长过旺，应喷0.2%～0.3%磷酸二氢钾液，不可用尿素；若长势不旺，叶色发黑可喷0.1%～0.2%尿素；植株正常可同时喷上述两种混合液。果实膨大期以喷0.2%～0.3%的磷酸二氢钾为佳，或复合肥1：50的浸出液，坐果率高，果实膨大快。为防止温室内湿度过高，天气特别寒冷及阴雪天一般不喷。叶面喷肥可结合喷洒农药一起进行，雾化效果比较好，不得使叶面滴水，并注意喷叶的背面。如果植株出现缺素症，应喷施微量元素。比如番茄植株缺硼一般表现为新叶失绿或生长点变橘红色等，可用0.1%～0.2%硼砂或硼酸溶液喷施叶面；缺锌时一般表现为顶部叶片细小、小叶叶脉间轻微失绿等，可用0.1%硫酸锌溶液喷施叶面。脐腐病发生严重的应在结果初期喷施1.0%的过磷酸钙或0.5%的氯化钙。施肥浇水均应在晴天上午9～10时以后进行，并保证在下午盖膜时叶面无肥水水滴，以防病害发生。

使用水肥一体化的技术要点是什么？

水肥一体化又称微灌施肥，是将微灌和施肥结合，以微灌系统中的水为载体，在灌溉的同时进行施肥，以较小流量均匀稳定地输送到植株根部土壤中的一种施肥方法，具有节水节肥的效果，并省工省时。

施肥系统由比例泵（图6-4）或文丘里施肥器、过滤设备、控制阀门等组成。干管道的架构方向沿着棚长的方向，滴管带的安装方向与干管道垂直，将滴管带铺设在番茄根部，铺设的间距要保持和番茄种植的间距相同。直径大于

图6-4　水肥比例泵施肥

63毫米的给水管（干管道）一般使用聚氯乙烯管材。微灌系统中直径小于等于63毫米的管道常用聚乙烯（PE）管材。施肥罐可采用抗腐蚀的塑料桶或不锈钢桶等，施肥罐需要的压差由入水口和出水口间的节制阀获得，通过水流将肥料带入灌溉系统中。利用地表水灌溉时，首部可选择叠片式过滤器直接拦截水中杂质，保护喷头不堵塞。水质清澈、杂质较少且主要是粗颗粒杂质时，可以选择120目的叠片过滤器。当水质比较浑浊、细泥沙细颗粒多时，选择介质过滤器（砂石过滤器），配合沉砂池使用，过滤效果良好。

肥料要具有较好的水溶性。常用的化学肥料有尿素、碳酸氢铵、硫酸铵、硝酸铵钙、氯化钾、硫酸钾、硝酸钾、硝酸钙和硫酸镁等。微量元素主要是通过施含微量元素的水溶性复合肥或喷施微量元素的叶面肥来解决。水溶性复合肥是一种适于灌溉施肥系统的新型肥料，包括大量元素水溶性肥料、中量元素水溶性肥料、微量元素水溶性肥料、含腐殖酸的水溶性肥料、含海藻酸的水溶性肥料和有机水溶性肥料等。而有机肥液也可用于灌溉施肥系统，但必须是经沤腐后残渣少且经过滤的有机肥液，如养殖场的沼液、沤腐后的鸡粪等有机肥液和腐殖酸液肥等。

每次施肥前，按照要求称取所用肥料，将肥料溶解、过滤，倒入施肥罐。施肥时先用清水灌溉10分钟，然后将控制阀门调整到适宜的水肥比例开始施肥，通过各级管道和滴头，以水滴形式湿润土壤，施肥时间控制在40～60分钟，保证肥料全部施于土壤以提高肥效。施完肥后，对管道用灌溉水冲洗，将残留在管道中的肥液排出，一般清水微喷灌5～10分钟。但在雨季施肥时，可暂时不洗管，等天气晴朗时补洗。

44 大水漫灌的弊端是什么？

漫灌（图6-5）已有千年历史。漫灌浇水速度快，操作简单，具有自身的优势；但是有较多的弊端，主要表现在以下几个方面。

（1）浪费水。大水漫灌出水量大、速度快，导致水分流失多、水分利用率低、浪费大量水资源。

（2）破坏环境。土壤中可溶性养分大量流失，造成土壤中养分随水渗进地下水层，破坏深层土壤环境，既浪费肥料又污染地下水源。

（3）影响活棵。大水漫灌致使地温突然下降，对发棵不利；同时在低温季节，一次灌水量过大会导致土壤含水量多、通气性差，地温长时间难以恢复，使根系长时间处于低温高湿的环境中，容易出现“沤根”现象。

（4）病害严重。设施番茄栽培重茬严重致使土传病害重，大水漫灌为土壤中病菌传播提供了条件；大水漫灌增加了设施内的空气湿度，叶片表面形成的水膜会干扰气体交换、光合作用等，影响养分和水分的吸收，导致植株长势减弱，此外湿度过大也增大了番茄叶部病害如叶霉病、灰霉病等的发生率。

图 6-5　大水漫灌浇水

45 怎样降低棚室内空气湿度？

设施内往往较为密闭，空气湿度过高，植株不能正常进行蒸腾，致使病害发生严重并容易造成落花落果。降低空气湿度的措施主要有以下几种。

（1）覆盖无滴膜。棚室内外温差大，棚膜结露不可避免。普通棚膜结露重、滴水面大，易导致空气湿度增加严重。无滴膜虽然也结露但是会沿棚膜流向两侧，滴水面小，可以有效减少薄膜表面的聚水量，同时利于透光、增温。

（2）起垄覆膜栽培。起垄栽培增加土壤的表面积，接受光照多，地温高，且热土层在夜间又能释放热量；地膜覆盖并采用膜下暗灌或滴灌的浇水方式，能减少水分蒸发和浇水次数，防止空气湿度大幅度提高。

（3）合理浇水。在保证番茄需水的条件下，应尽量减少浇水量和浇水次数。最好实行膜下浇水或滴灌浇水，切忌大水漫灌或浇灌。一般在上午浇水，每次浇水后适当通风，降低空气湿度。不宜在下午、阴天及雨雪天浇水，同时避免浇水后出现连续阴雨天。

（4）通风排湿。在严冬或早春一般在中午温度较高时进行通风，其他时段也要在保证温度要求的前提下，尽可能地延长通风时间。如果棚室内湿度居高不下，而气温又在作物生长适温下限以上，应逐渐加大通风量，力争使空气湿度尽快降下来，但通风引起的降温应以作物不发生冷害为前提，保证番茄生长的适宜温度。

（5）升温降湿。升高棚温，可有效地降低空气湿度。棚室内气温每升高1℃空气中的相对湿度下降3%～5%。采用升温降湿方法既可满足蔬菜对温度的需要，又可降低空气相对湿度。

（6）改进施药方法。冬春季温度较低时，如果采用喷雾法防治病虫害会增加空气湿度，因此要尽量采用烟雾法或粉尘法。

（7）中耕松土及其他方法。覆盖地膜前，浇水后要及时中耕松土，破坏土壤表层的毛细管，可减少蒸发，保持土壤水分，以此减少浇水次数；采用除湿机除湿；如果棚内湿度过大，也可撒一些草木灰或细干土等。

46 如何进行叶面施肥？

叶面施肥也叫根外追肥，养分吸收快，利用率高，施肥量少，适合于微肥施用。尤其是土壤水分过多、盐渍化严重的棚室更适宜选用叶面施肥。

根据植株生长状况确定叶面肥的类型，一般生长前期植株生长比较旺盛，容易徒长，应少用促进生长的叶面肥，可选用磷酸二氢钾、复合肥以及微量元素叶面肥；生长中后期植株长势开始衰弱，可选用促进茎叶生长的尿素。番茄果实生长需要较多的钙，供钙不足容易发生脐腐病，因此，在结果期可喷施氯化钙、过磷酸钙、氨基酸钙等钙肥。根据生长状况确定施肥次数，少则1次，多则3～4次，一般隔7天左右使用1次，喷施均匀，新叶比老叶、叶背面比叶正面吸收养分快。用液量以叶面刚要出现滴液为度。施肥时选择无风、太阳不暴晒的时候施，尽量保持肥液在叶面上有较长的时间，保证肥料能充分吸收。阴雨雪天气，棚室内空气湿度明显增大，尽量不施叶面肥。如果连续阴雨天气，棚室内光照不足，光合作用差，番茄的糖供应不足，叶面喷糖有较好效果，并在施肥后进行短时间通风以减少发病率。可将两种或两种以上叶面肥合理混用，也可与杀菌剂、杀虫剂等混合使用，但要严格按照有关规定，不可随意使用。若叶面施肥发生肥害，要用清水冲洗掉多余肥料，并增加叶片的含水量，缓解叶片受害程度。

47 二氧化碳施肥的技术要点是什么？

番茄坐果前植株生长慢，二氧化碳需求少，一般不使用二氧化碳，防止植株徒长。结果期使用，施用二氧化碳可防止植株早衰，提高坐果率和果实品质，并增强抗病性，提高产量。二氧化碳施用方法主要有以下几种。

（1）有机物发酵法。定植前施足马粪、秸秆、杂草茎叶等通过发酵产生二氧化碳，简单易行，成本低，但不易调节。

（2）燃烧法。燃烧焦炭、丙烷、白煤油等产生二氧化碳，燃烧时均在发生器内进行。也可用煤球炉燃烧，既可产生二氧化碳，又可增加棚室内的温度。但要注意燃烧不彻底时会产生一氧化碳等有害气体。

（3）化学反应法。目前主要采用碳酸氢铵和稀硫酸反应产生二氧化碳法。

（4）液化二氧化碳。可采用酿造和酒精工业的副产品——液态二氧化碳，经过压缩装在钢瓶等容器内，在保护地内直接释放或经管道释放。施用方便、卫生，浓度易控制，但费用较高、成本较大。

（5）吊袋式二氧化碳气肥。由发生剂和促进剂组成，使用时拌匀，将混好的二氧化碳肥放入带气孔的吊带中，挂在植株上部50厘米处。成本低，易操作。

一般在开花后10～15天施用，日出后1小时左右施用，2～3小时结束，一天施放1次即可基本满足植株光合需求。通风前1小时停止施用。采取均匀的多点施放。光照较强时施用，阴雨天不用。严格控制二氧化碳施用的浓度，长时间高浓度施用二氧化碳会对作物产生有害影响，施用浓度应略低于最适浓度。施用二氧化碳后，作物生长旺盛，根系的吸收能力提高，水肥量适当增加，以防植株早衰。加强田间管理，促进坐果，加强整枝打叶，改善通风透光，减少病虫害的发生，平衡植株的营养生长和生殖生长。

秸秆生物反应堆的技术要点是什么?

一般是在低温季节利用特定的微生物将作物秸秆发酵，产生二氧化碳、热量、有机物、矿质营养等，以满足作物生长需要，增强植株抗病性、抗逆性等，能有效地提高二氧化碳浓度、提高地温、改善土壤结构、改善环境等。秸秆生物反应堆的应用形式分内置式和外置式。番茄栽培主要采用行下内置式，主要技术要点如下。

（1）材料准备。主要采用玉米秸秆，也可选用稻草、杂草、豆秸等，温室每亩用量2500千克左右，大棚每亩用量1500千克左右。

（2）菌种发酵。每千克菌种与12千克左右麦麸拌匀，加水搅拌，在常温、避光透气的条件下发酵24小时。

（3）挖发酵沟。在番茄种植行下挖一条宽30～50厘米、深25～30厘米的沟。

（4）铺设秸秆。为保持地下部分的通透性，沟内铺满完整的未切碎的秸秆，铺匀踏实，沟两头露出10～15厘米秸秆茬，以便进氧气。

（5）撒发酵菌种。均匀撒在秸秆上，轻拍秸秆，使菌种与沟内各部位秸秆充分混合，一般每亩棚室用菌种8千克左右。

（6）覆土做畦。回填挖沟土，并不断拍打畦面。做成畦高25～30厘米的种植畦。

（7）打孔。4～5天后及时在每行两株间外侧打孔，应穿透秸秆层，孔径3～4厘米，孔距20厘米，每沟两行。

（8）合理定植，适时浇水。秋延后、秋冬茬、冬茬等栽培的先常规定植，约到10月底向发酵沟的秸秆里浇透水；早春茬栽培需要立即发挥秸秆的发酵作用，撒完菌种覆土后就要大水浇灌，充分湿透秸秆。灌水后第3～4天打孔。土壤水分适宜时做畦定植并重新打孔。

遭遇灾害性天气如何应对?

番茄生产中常常遭遇到灾害性天气，如冬春季节常遇到低温、阴雪、强降温等，夏秋季节常遇到持续高温等，如管理不善，会影响棚室番茄的生长，影响种植者效益。

（1）连续阴冷天气。草苫应晚揭早盖，并时刻关注棚室内温度变化。若揭苫后温度略有回升，可适当延长接受散射光的时间；若揭苫后温度下降，则只在中午揭草苫2～3小时。不可以一直不揭草苫。因番茄不见光无法制造养分而只消耗养分，天晴后突然揭苫会使植株萎蔫死亡。

（2）连续下雪天气。及时除雪，谨防雪把棚压塌或把棚膜压破（图6-6）。宜在中午揭开草苫1～2小时，使棚室见光，不可数日不揭。若天气骤晴，因植株数日短时见光或不见光，对强光不能一下适应，揭开草苫后，温度上升很快，湿度降低，作物根系吸水能力较弱，不能及时补充作物叶片蒸腾的水分，叶片就会萎蔫，造成“闪苗”。因此拉“花苫”，即隔1个草苫揭1个草苫，如出现萎蔫再放下几个草苫；或者使用卷帘机时，先卷起1/3，不出现萎蔫时再卷起1/3，然后全部拉开，防止突然叶片大量蒸腾发生萎蔫死亡。2～3天恢复正常后，再进入正常管理。

图6-6　大雪压塌大棚

（3）强降温天气。注意天气预报，在强降温前提前做好准备，防止突然降温使植株遭受冻害（图6-7）。如加盖纸被、棉被，加小拱棚，准备暖风炉、加温电器等。若遇短时间降温，可点燃木炭或柴草，进行熏烟防冻，但要注意一氧化碳中毒。

图 6-7　定植后遭受冻害的番茄植株

（4）连续高温天气。夏秋季栽培番茄易受高温强光的影响，叶片易失水过多出现萎蔫。因此可在棚膜外覆盖遮阳网、往棚膜上喷洒降温剂（图6-8）或往棚膜上泼洒泥浆等，起到遮阴降温的作用，可在一定程度上减轻光照强度、降低设施内温度。

图 6-8　喷洒降温剂

第七章 番茄植株调整及花果管理技术

 搭架绑蔓的方法有哪些?

番茄除直立品种外，大多数品种的茎呈蔓性、半蔓性，木质化程度不高。当株高40厘米时，茎因承受不了枝叶的重量而倒伏，因此需要搭架绑蔓，使群体由平面结构变为立体结构，改善田间通风透光性，减少病虫害的发生，并方便田间操作。搭架绑蔓通常结合整枝进行，以改善植株的生长环境、减少病害的发生。

番茄搭架一般在秧苗长到30厘米左右时进行，但不要太迟，太迟茎蔓长、侧蔓多，操作不便，且容易折蔓、伤叶、碰掉花果。搭架的材料可以就地取材，用竹竿、树枝及其他一些小灌木等。搭架要求架材坚实、插立牢固、架形合理。可根据植株的高矮、生长期长短、整枝方式等而定，一般有以下几种搭架形式。

（1）单杆架。架材高70厘米左右，在每株番茄旁直插一根（图7-1）。这种插架方法适于植株矮小、高度密植的自封顶类型品种。绑蔓是把番茄茎绑在支架上，阻止植株倒伏，保证植株空间分布均匀，以更好利用光能。

图7-1 单杆架

（2）篱笆架。用竹竿交叉斜插在植株行内侧或外侧，两竹竿相距约40厘米，上面再适当架横竹竿，构成网状结构篱笆（图7-2）。植株及果穗固定在篱笆架上。这种支架通风透光好，适于多雨、湿度大、日照少的季节或地区。但其挡风面大，遇大风容易造成全畦植株倒伏。

图7-2　篱笆架

（3）人字架。人字架是比较常用的一种搭架方式，搭架的材料长1米左右，在每株番茄外侧各插一根（架材插在距植株8～10厘米的地方），再将邻近两行4根架材架头绑在一起，或者架头交错，上面绑一横竿（图7-3）。这种方式支架稳固，但通风透光较差，可防止果实日烧病及土壤水分蒸发，适用于气候干旱或高温强光的季节及地区，适于单杆整枝留2～3穗果的栽培方法。

图7-3　人字架

随着植株生长，绑蔓也应分多次进行，植株每增高20～30厘米，绑蔓1次，整个生育期需4～5次。绑蔓的材料有麻皮、碎布条、包扎带等。绑蔓的松紧要适宜，过松容易下滑，过紧易勒伤茎秆。绑蔓时，先将植株引到架杆内侧绑一道蔓，再把植株蔓引到外侧再绑一道，绑蔓时扎绳应扎在每一穗果实的下方，防止坐果以后，重量增加，将果实夹在扎绳处。蔓和扎绳之间绑成“8”字形，避免蔓和架材之间摩擦或下滑。无论分枝习性如何，番茄每株的花序基本分布于植株的一边，应安排果穗远离架杆，以防果实膨大后夹在茎秆与架杆之间形成畸形果。

（4）吊蔓。目前棚室内栽培多采用吊蔓的方式，一般使用尼龙绳或抗老化的撕裂膜。上端将吊绳固定在设置好的钢丝上，下端拴在植株上，随着植株生长，将茎缠绕在吊绳上（图7-4）。

图7-4　吊蔓

（5）果柄夹固定果穗。有的品种果穗柄较长，随着果实不断膨大，果穗柄容易发生弯折，影响果实的正常生长。生产上可采用果柄夹对其进行固定，一般在果实膨大后将果柄夹轻轻夹在靠近茎秆的果穗柄上即可（图7-5）。果柄夹消毒后可以反复使用多年。

图7-5　果柄夹固定果穗

51 常用的整枝方式有哪些？

整枝就是对结果枝条进行整理。由于番茄有无限生长、有限生长两个类型，因而整枝方式也不同。生产上一般常用的方法有下面几种。

（1）单干整枝法。这是目前生产上普遍采用的一种整枝方法，即每株只留1个主干，把所有侧枝都陆续摘除抹掉，主干留一定果穗数后摘心。该整枝方式结果数目较少，果形较大，具有适宜密植栽培、早熟性好、技术简单等优点，缺点是用苗量较大、提高了成本，且植株易早衰、总产量不高。

（2）双干整枝法。除主干外，再留第一花序下的第一侧枝作为第二主干结果枝，故称双干整枝（图7-6）。将其他侧枝及双干上的再生枝全部摘除。这种方法适用于早中熟及中熟类型品种。其优点是可节省种苗用量、植株生长期长、长势旺、结果期长、产量高，其缺点是早期产量低且早熟性差。

（3）改良式单干整枝法。留主干方法同单干整枝，保留第一花序下的第一侧枝，待其结1～2穗果后留2～3片叶摘心，其余侧枝全部去除。这种整枝法适宜株型较矮的番茄品种，这种品种的植株生长较弱、产量低，采用此法既可增强根系发育，又可获得较高的前期产量和总产量，因为第一花穗下侧枝上第一穗果的开花期要早于主干上第三穗的开花期。

图7-6　双干整枝

（4）**单干换头整枝。**采用单干整枝，当番茄长出3个花穗时，在其上面留2片叶摘心，待第一穗果坐住后，保留紧靠第二花穗下的节位长出的第一侧枝，留3个花穗之后留2片叶摘心，坐果后在中部再培养一个侧枝当主枝，继续生长，如此重复，直至栽培结束。这种整枝方法一般可结12～16穗果。该整枝法能有效利用花数，既能增加产量又能提高优质果率，适于一般越夏栽培或温室中的一茬栽培。

52 如何进行打杈？

打杈是对侧枝的处理，如果放任其生长，不仅造成养分消耗，而且植株会变成丛生体、株间不通风、相互遮阴，导致熟期推迟、病害发生、商品性下降。所以根据栽培的需要，番茄结果枝条上的侧枝要及时去掉。整枝打杈时应注意以下几点。

（1）番茄地上部和根系有着相互促进的关系。在定植缓苗后，最初的打杈可适当延迟，让侧枝长到7～8厘米进行，有利于促进根系生长。刚缓苗后根群不发达，过早去除侧枝，会影响根系生长，降低植株生长势，从而会造成植株的早衰；但也不宜过晚进行，否则会造成养分的损耗和植株的疯长而导致群体郁闭，对果实迅速膨大也不利。一般当侧枝长到5～10厘米，达到2叶1心时最为适宜（图7-7）。同时需要根据长势来确定打杈早晚，长势弱的植株晚打杈，长势强的植株早打杈，以便抑制其生长。

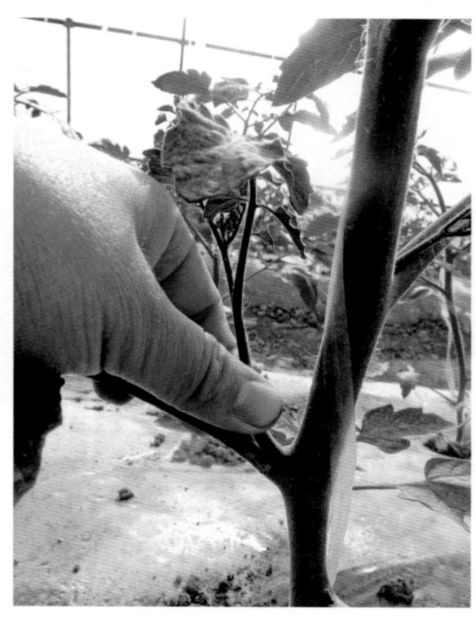

图 7-7 打杈

（2）打杈的方法有“推杈”和“抹杈”两种，尽量减少手与茎蔓的接触，勿采用指甲掐断枝杈。打杈时不留桩（图7-8），不能带掉主轴上的皮，要尽可能减少伤口面，一般不用剪刀等工具，因为工具容易传染病毒。

图 7-8 打杈不留桩

（3）打杈应在晴天进行，最好在上午10时至下午3时进行，这时温度高，有利于伤口愈合。阴雨雪天气及露水未干时打杈易引起伤口腐烂，发生病害。

（4）待健康植株整枝打杈结束后，再对有病毒病症状的植株单独进行打杈，避免人为传播病害。

53 如何进行摘心？

根据栽培目的，在主茎上已经长出了预期的果穗以后，为了使主茎不再伸长，使养分更集中地运转到果实中去，而把主茎上嫩梢摘掉的措施称为摘心（图7–9）。摘心提高了根重与茎叶重的比值，使植株在形态、结构、功能之间达到了合理协调，并产生了一系列有利于增产的生理性变化，所以能达到早熟、高产的目的。单干整枝的在最上一层花穗上保留2张叶片，将上面的嫩梢打掉。这2张叶片，叫保护叶，又叫营养叶，能使顶部果穗免受曝晒，防止日烧病；还能保证果实有充足营养供应，长足长大，正常红熟。对于侧芽，一般不从根部打掉，而是留1～2片叶摘心。这样做以后，既控制了侧枝的生长，又能使侧枝制造一些养分，加速主枝的生长。一般半整枝的摘顶留主干方法同单干整枝，此外，在第一穗果下方的1条侧枝（强侧枝）留1穗果后再留2片叶摘心，将其他侧枝全部去掉。单干换头整枝的主干摘心在第三花穗出现后进行，留2片真叶摘心，待第一穗果坐住后，在第二穗果下留1个侧枝替代主枝生长，其余侧枝全部去掉，以后这个新生枝出现第三花穗后，再留2片叶摘心，如此循环。

图7–9　摘心

摘心时期应掌握好，不宜过早，亦不宜过迟。一般在收获前40天即第一朵花长足时进行。若过早，花穗小，不易操作；若过晚，花穗过大，甚至开花，则摘心部分过多，植株损伤过大。

54 番茄落蔓的技术要点是什么？

番茄长季节栽培一般采用落蔓栽培。落蔓前控制浇水，以降低茎蔓含水量，增强其韧性。落蔓宜在晴暖天气的午后进行，此时茎蔓含水量低，组织柔软，茎蔓不易折断，且对茎的伤害小。当第一、第二穗果采收后，植株达到1.8～2.0米以上时进行第一次落蔓。落蔓时把第二穗果以下的所有叶片摘掉，避免落蔓后叶片在潮湿的地面上发病。之后每采收1穗果要落蔓1次。落蔓时松开吊绳，采取株与株之间交叉换位的落蔓方法，轻轻将植株扭到同一侧附近植株的位置再重新吊蔓。落蔓要有顺序地朝同一方向盘绕于畦两侧。动作要轻、缓，随茎的自然弯度打弯，防止折断茎蔓、掉果。以叶茎距畦面15厘米左右、植株高度1.5～1.8米为宜，掌握南低北高的原则，勿让叶或果实着地，要及时清除落蔓上的新枝。落蔓后拉破匍匐茎下地膜，使茎紧贴地面，上压湿土，待长出不定根后，植株生长量和抗逆性将大大增强。

55 栽培中落花落果的原因有哪些？

落花落果是开花结果过程中由于环境条件、田间管理不当等各种因素综合影响花果发育，引起脱落、干缩现象的总称，表现为无蕾花穗、落花、落果、僵果等。在一般气候条件下，少量的落花是难免的，但落花过多，就会降低结实率，影响产量。

（1）温度不适。开花坐果最适宜的温度是白天22～28℃，夜间15～18℃，如果白天温度高于35℃或低于12℃，夜间温度高于20℃或低于12℃，尤其是白天40℃高温持续4小时或较长时间处于5～7℃的低温状态时，都会影响番茄花芽分化和花器的形成，并影响花粉萌发及生长，使受精不良，造成落花落果。

（2）光照不足。番茄喜光，对光照条件反应敏感，当光照不足，特别是当遇到连续阴天或栽培密度过大时，透光不良，会造成光合作用减弱，碳水化合物合成或供应不足，植株营养状况恶化，从而造成雌蕊萎缩或影响花粉生活力、花粉萌发和花粉管的伸长等而引起落花落果。

（3）湿度过高或过低。温室内空气相对湿度超过75%时，花粉粒吸水膨胀，花药不开裂，难以从花药中散发出来，从而影响授粉而造成落花；空气相对湿度低于45%时，柱头分泌物少、干缩，花粉不发芽。番茄喜欢湿润的土壤条件，若土壤干旱缺水，植株得不到充足的水分，花粉粒干瘪，花粉管细弱，雌蕊柱头变褐，表层细胞死亡，导致落花。同时干旱也影响植株对养分的吸收，从而使光合作用受抑，激素分泌物减少，形成离层而落花落果。

（4）营养不良。营养不足或养分分配不当，造成落花，特别是留多果穗的，因前几穗已坐果，需要大量养分供应，果实膨大，如后期追肥跟不上，则影响养分向上端花穗运输，造成后期落花。此外，茎叶徒长抑制生殖生长，造成花器不发达，也会造成落花落果。

（5）激素使用不当。使用激素类药剂，浓度过小时坐不住果，浓度过大时植株不同程度地受到药害，造成落花落果。

56 番茄采用激素保花保果的技术要点是什么？

植物生长激素能刺激植物器官的新陈代谢，使处理部位的生理机能旺盛，抑制离层的形成，使营养物质流向正常发育的子房，加速子房发育。即使在正常条件下用植物生长激素处理花朵，也能加速坐果，提高坐果率。

目前主要使用的植物生长激素为防落素（又称番茄灵），它可以被吸收、渗透到花器中，弥补因为温度不适等原因少产生或不产生植物激素的欠缺，能和花器本身形成的激素一样促进果实发育，起到防止落花落果的作用。使用防落素适宜的浓度范围为$2.5\times10^{-5}\sim5.0\times10^{-5}$，冬季、春季防低温落花用$3.0\times10^{-5}\sim3.5\times10^{-5}$，夏季防高温落花用$2.5\times10^{-5}$，一般喷花、浸蘸花朵用$2.5\times10^{-5}\sim3.0\times10^{-5}$，蘸花梗用$3.0\times10^{-5}\sim3.5\times10^{-5}$。

（1）蘸花法。温度低时使用浓度取高限，温度高时使用浓度取低限，生产上应严格按照说明书配制。将配好的药液倒入小碗中，将开有3～4朵花的整个花穗在激素溶液中浸蘸一下，然后用小碗边缘轻轻触动花序，让花序上过多的激素流淌在碗里。这种方法防落花落果效果较好，同一果穗果实间生长整齐，成熟期一致，亦省工省力。

（2）喷雾法。当番茄每穗花有3～5朵开放时，用装有药液的小喷雾器或喷枪对准花穗喷洒（图7-10），使雾滴布满花朵又不下滴，此法激素使用浓度与蘸花法相同。要喷在花序上，不能喷到叶片上，否则会引起茎叶扭曲皱缩。

图7-10　喷雾法保花保果

使用植物生长激素时要注意浓度要适当，不能过高，否则会引起果实畸形或裂果。在适宜浓度范围内，气温较低时使用的浓度可高些，气温较高时使用的浓度可低些。配制植物生长激素的容器最好是搪瓷盆、玻璃器皿等，不要用金属容器，以免发生化学作用。配制时可加入红色或蓝色的食用色素进行标记，避免重复处理，造成药量过大引起果实畸形。处理时应选择当天要开放的花朵，即花瓣呈喇叭状时使用最适。过早处理，花蕾尚小，药液会抑制果实的发育，往往造成僵花；过晚处理，花已开放过，花柄的离层可能已经形成，药效就会降低，甚至无效。因此，同一花序上的花，应按开花先后分批处理。白天8～10时处理效果最好。使用过植物生长激素的果实中没有种子，因此不能留种。

57　熊蜂授粉的技术要点是什么？

（1）熊蜂放入前准备。挑选性情温顺、群势大、采集力强、抗病力强的蜂群。放蜂前20天禁止使用高毒、高残留、强内吸的农药，如使用要暂时终止放蜂，以免造成损失。在熊蜂放入前，在放风口安装20～40目防虫网。检查棚膜是否有孔洞，并及时堵塞，防止熊蜂外逃。

（2）放入时间。熊蜂适应温室环境能力较强，番茄开花达到5%～10%时即可释放熊蜂。一般在傍晚将蜂群放入棚室，放置后1小时再打开巢门。

（3）蜂箱放置地点。蜂箱放置在距地面约40厘米处，搭建遮阳板，防止阳光直射蜂箱（图7-11），并注意隔热、防湿、防蚂蚁。巢门朝南，便于熊蜂定向蜂箱。为了防止熊蜂不认巢，移动或放置蜂群在天黑后进行。

图7-11　蜂箱放置地点

（4）放置数量及授粉。一般每亩放置1箱熊蜂。一群熊蜂的寿命在45天左右。蜂群活动正常与否，可以通过观察进出巢的熊蜂数量判断。晴天9～11时，如果20分钟内有8只以上熊蜂飞回蜂箱或飞出蜂箱，表明这群熊蜂处于正常的状态。一般熊蜂每分钟访花20朵左右，并会在花朵上360°旋转，一次性完成授粉（图7-12）。

（5）熊蜂管理。熊蜂授粉时间超过2周以上时，蜂箱内自带饲料基本耗尽，为保证蜂群的正常消耗，应及时饲喂。将50%的糖水倒入盘中，放在蜂箱前约1米的地方便于熊蜂采集，在糖液上方放小木棍或小石子，防止熊蜂采食时被淹死。授粉期间要经常检查蜂箱内部，将箱盖内部的水珠、死蜂、粪便等用镊子夹出，并用干棉花清理，保持箱体内卫生。

图 7-12　熊蜂访花

（6）田间管理。棚内温度控制在5～35℃，适宜温度为5～28℃，温度过低或过高都不利于熊蜂出来活动和授粉。棚内湿度控制在50%～90%，最佳相对湿度保持在70%～80%。湿度过大，熊蜂活动性不强，授粉质量差。用药前一天下午，将巢门设置成只进不出的状态，熊蜂回巢后将其搬到没有农药污染的适宜环境。打药结束后加大通风，让残留农药尽快散去。药效间隔期结束，农药味散去，将熊蜂搬回原位置，静止1小时，打开巢门开始授粉。应避免强烈振动或敲击蜂箱。工作人员不宜穿深色衣服，不宜使用有刺激性气味的物品。

（7）识别授粉标记。熊蜂访花后会在番茄花柱上形成明显的褐色标记（图7-13），标记颜色会慢慢由浅变深，当80%以上的花带有标记时，则表明授粉正常。

图 7-13　授粉标记

58 怎样进行疏花疏果？

樱桃番茄品种不需要进行疏花疏果。其他类型番茄品种为使其坐果整齐，生长速度均匀，要进行疏花疏果。每一花序上着生的花数，不同类型与品种之间差异很大，少的4～5朵，多的则达十几朵。一般栽培的多数番茄品种，每个花序上着生4～9朵花。如果气候适宜、授粉受精良好，坐果会很多，但由于枝叶养分供应能力所限，都长不大，单果重减轻，碎果率增高，畸形果增多，影响了产量、品质和经济效益，所以生产上要进行疏花疏果，要在每穗花上果实刚坐住时进行疏果。

一般大果形品种留3～4个果，中果形品种留4～6个果，留下大小相近、果形好的果实，疏去小果、畸形果、病虫果以及花序末端发育迟缓的花，以保证养分集中供应果穗基部正常果实。如果一穗上坐果太多，还易引起上部花穗不坐果，影响按时按量采收。番茄一般不进行疏花。但当外界温度过低或过高时，花序上第一朵花常常畸形，表现出双柱头、萼片多、花瓣多、花柱短而扁、子房畸形等，这样的花坐果发育后容易形成大果脐或畸形果，因此应及时把这样的花朵摘去。待果实坐住以后再疏掉果形不整齐，形状不标准及同一果穗发育太晚、太小的果实。在疏花疏果、整枝打杈、摘心的同时，疏掉老叶及病叶，以改善植株下部的通风、透光条件，并可减少病害的发生。

59 如何掌握番茄的采收标准？

番茄从开花到果实成熟，一般需要40～60天。应视品种的特性及栽培的季节、目的、技术来确定合适的采收时期。

（1）绿熟期。这一时期果实已充分膨大，基本停止生长，果实叶绿素逐渐减少，果实开始发白，尚未转色，此时果肉较坚硬，耐压耐贮运，适宜贮藏或远距离运输。及时采摘这一时期的果实，可以提早供应市场，增加早期产量，提高产值，而且还有利于植株上后期着生果实的发育。

（2）白熟期。这一时期果实表面发白，并已经开始转色，转色面积一般不超过10%，采收之后10～15天可以完全转红，适宜短途运输。

（3）转色期。这一时期果实表面约有一半转为红色或粉色。此期采收适宜作短途运输或以鲜果就地供应市场。经2～3天后果实全部转色，此时采收品质较好，也可适当运输。

（4）坚熟期。这一时期整个果实已经转色，肉质较硬。加工生产番茄酱、番茄汁、整果番茄等番茄制品原料用的果实，宜采收这一时期的果实。这一时期的果实着色鲜红一致，果肉坚硬紧实，不易裂果，耐压、耐运输，可溶性固形物含量较高，品质较好，也适于生食或熟食。

（5）完熟期。这一时期果实全部转色，肉质变软，商品性下降，适宜做果酱或留种用。鲜食栽培不能在这个阶段采收。

对于鲜食番茄一般在转色期至坚熟期采收，这样不仅可以保证风味，而且方便运输；如果在绿熟期采收，果实坚硬，适于贮藏或远距离运输，但往往番茄含糖量低，味道不好。一天中适宜采摘的时间是早晨或傍晚无露水时。如遇下雨天，则应延迟3～4天采摘。采前3～5天停止浇水。采收后应剔除病果、伤果、畸形果等，按大小分级，分别装箱。

60 如何进行果实催熟?

果实在温度较低的条件下转色较慢，生产者为了促进番茄果实转色和成熟，增加果实的成熟度，提高其商品价值，常进行人工催熟。常用的催熟技术有以下几种。

（1）加温处理。番茄果实成熟的过程就是番茄红色素形成的过程。番茄红色素形成需要20℃以上的温度，因此将要催熟的番茄堆放在温度较高的地方，如室内、温床、温室等，促进其成熟，此法可比自然状态下提早红熟2～3天。催熟的适宜温度为25～30℃，相对湿度为85%～90%。如果温度超过30℃，则红色品种不能表现为红色而为黄色。采用加温催熟虽简单易行，但也存在着果色不均、色泽不鲜、缺乏香味、味酸、催熟时间长等缺点。另外，温度高时容易造成番茄凋萎皱缩及腐烂等。

（2）乙烯利催熟的方法有两种。一种方法是在植株上直接进行，用500～1000毫克/千克乙烯利进行喷果处理，这样果实色泽品质较好，但较费工。在植株上喷洒时，为避免引起黄叶及落叶，尽量避免喷到叶面上，可以用毛笔蘸取较高浓度（2000毫克/千克或以上）的乙烯利涂抹在果柄或果蒂上，也可涂抹在果面上。另一种方法是将果实连同果柄一同摘下来，在2000～3000毫克/千克乙烯溶液里浸泡1～2分钟，取出后将果实堆放在温床内，保持床温20～25℃，并适当通风，防止床内湿度过大而引起腐烂。经过5～6天的处理后，果实随即转红，再去掉果柄供应市场。催熟时要轻拿轻放，尽量避免损伤果实。病果、虫咬果应尽早剔除。此方法成本低、省工，可提早5～7天红熟。

第八章 常见番茄病害及其防治

 番茄病虫害的综合防治措施有哪些？

在番茄的整个生育期，可能会有多种病虫害发生，有时甚至同时发生多种病虫害，严重影响到产量和产值。然而病虫害并不是凭空出现，需要经过传播、繁殖和发生危害等过程。很多病虫害早期不易发现，发病后多靠药物杀死病原物和害虫，但番茄受害部位却不能恢复，且一般只能达到限制病虫害加重的效果。因此，积极采用各种科学的农业栽培方法增强作物自身抗性，并结合多种回避、限制和杀灭病虫的综合防治措施，可实现对番茄病虫害的有效防治（图8-1），从而达到优质丰产的目的。番茄病虫害综合防治的原则是“预防为主、综合防治、低毒高效”。

图 8-1　综合防治措施

（1）农业防治。依据栽培地实际情况选择有主要病虫害抗性兼抗其他病虫害的优质丰产番茄品种；做好育苗期的种子、基质、场所及农具的消毒并进行科学管理，培育壮苗；尽量避免重茬，合理利用番茄与不同作物的间作套种或调整播期；高温闷棚、土壤消毒、高畦栽培、地膜覆盖、膜下浇水、增施有机肥并调控温湿度，改善田间小气候；保持田园清洁，及时清除杂草、病残体，并在远离栽培田的地方销毁。

（2）物理防治。采用防虫网覆盖栽培；采用黄板、蓝板、灯光和毒饵等对害虫进行诱杀，当害虫或卵发生面积较小时也可采用人工捕杀的方法；还可铺设银灰色地膜或悬挂银灰色膜条等方式驱避蚜虫和白粉虱。

（3）生物防治。利用有益微生物及其产品防治病虫害，可保护生态环境并满足当下对绿色食品的需求。如使用既增产又防病的菌肥；选用农用抗生素，如农抗120、农抗BO-10、井冈霉素；对种苗接种弱病毒疫苗，如N14、S52可有效防治病毒病；选用赤眼蜂、丽蚜小蜂等害虫天敌进行以虫治虫。

（3）化学防治。这是最常用的防治病虫害的方法，在病虫害爆发时其效果显著。化学药剂主要分杀菌剂和杀虫剂两大类，在使用时需掌握以下几点：①明确病虫害类型，对症下药；②掌握病虫害发生规律，早发现早治疗；③遵照使用说明，正确使用农药，充分发挥药效并减少对环境的污染。

无法准确判断病害时如何防治?

在番茄实际生产过程中经常会发生一些不常见病害，或常见病害发病症状不典型，造成诊断不准确，耽误防治时机，影响防治效果。生产者应凭借生产经验对病害类型进行预判，首先判断是不是传染性病害，如是生理性病害可通过改善栽培环境进行调节，如是传染性病害应通过病症病状进行区分，再选择防治措施。

（1）真菌性病害。真菌性病害在番茄植株上的病状分两类——坏死和腐烂，如叶斑、叶枯、根腐和果腐等。萎蔫是由于病原菌侵染根部或茎部组织造成的。真菌性病害的主要病症有：霉状物，如霜霉、黑霉、煤污状等；粉状物，如黑粉、白粉；锈状物，如锈病造成的黄褐色、橘黄色铁锈状物；病部上的斑点，如白色、褐色、黑色小点等；此外，还有菌核等产物。

（2）细菌性病害。细菌性病害主要会出现叶斑、条斑、穿孔、焦枯、萎蔫、腐烂、畸形和瘤肿等症状。其中，叶斑在湿度大时常出现球状液滴形菌脓；叶斑严重时可从叶片上整个脱落，引起穿孔；腐烂处在潮湿时伴有黏液状病症，区别于真菌性病害的霉层；萎蔫的病株茎断面多数可挤出菌脓，也可将病部断茎插入水中保湿培养1天，断面会出现溢脓现象。

（3）病毒性病害。番茄病毒病的感染多是全株性的，一般地上部症状明显，地下部不明显，有时与非侵染性病害症状相似。主要症状有：枯斑、环斑和组织坏死；畸形，如卷叶、叶皱缩、萎缩或矮化、丛枝、瘤肿、缩顶等；变色和褪色，其中花叶和黄叶是常见的两种类型。叶片的变色症状不受叶脉限制，有时花瓣和果实上也出现各种斑驳。

真菌性病害常用广谱杀菌剂，如百菌清、代森锰锌等药剂防治；细菌性病害主要喷施农用链霉素和杀菌剂等进行防治；病毒性病害尚无特效药剂，可通过叶面追肥、植病灵、20%盐酸吗啉胍乙酸酮等缓解病害。若病情严重且流行快，可采用多种广谱杀菌剂混合施用进行防治。

63 怎样防治番茄早疫病?

番茄早疫病又称轮纹病、夏疫病，是设施番茄栽培的重要病害。发病严重时，引起落叶、落果、断枝，对产量影响较大。

（1）发病症状。该病主要为害叶片，叶柄、茎和果实均可受害。叶片受害时，开始出现深褐色或黑色小斑点，扩大为圆形或椭圆形病斑，有明显的深褐色同心轮纹，外缘有黄色或黄绿色晕环，严重时病斑互连成不规则大病斑。一般从下部叶片发病，逐渐向上部蔓延，最后下部叶片枯死、脱落。茎部病斑多在分枝处，初为暗褐色梭形或椭圆形，扩大后稍凹陷，具不明显同心轮纹，严重时，可造成断枝。幼苗期在茎基部发病，病斑绕茎1周，患处腐烂，幼苗枯倒。叶柄、果柄均可受害，症状同叶、茎。果实受害，多在果蒂及裂缝处，初为椭圆或近圆形、暗褐色、稍凹陷病斑，具同心轮纹。发病后期果实开裂，病处变硬，病果提早变红脱落。湿度大时，病部均可长出黑色霉状物，即病菌的分生孢子梗和分生孢子。早疫病与圆纹病症状易混淆，区别是早疫病病斑轮纹表面有不平坦刺毛状物，而圆纹病病斑纹路光滑（图8-2）。

图 8-2　番茄早疫病发病症状

（2）发病原因。该病是由茄链格孢引起的真菌性病害。病菌在种子、病株残体上或土壤中越冬，高温、高湿环境利于发病。环境适宜时，病菌可通过气流、风雨、灌溉水、昆虫和农事操作等方式侵染传播。种植过密、植株长势弱、通风透光差、田间排水差、大水大肥浇施的田块发病重。保护地比露地发病重。

（3）防治方法。

① **种子处理。**从无病植株上采收种子，温汤浸种后再播种。

② **加强栽培管理。**重病田与非茄科作物轮作，利用冬季、夏季休闲期对土壤进行深翻冻、晒垡，消灭土壤病源。提倡营养钵、营养袋、穴盘等方式培育无病壮苗。采用深沟高畦种植，合理密植，及时整枝、摘心、打杈，改善通风透光条件。控制棚内温度、湿度。及时摘除病叶，清理病株、病果，并销毁。

③ **药剂防治。**发病严重地块在下茬定植前可用45%百菌清烟剂燃烧熏棚。定植前可喷波尔多液进行预防，日常管理中可采用百菌清、腐霉利烟剂或25%丙环唑乳油、70%甲基硫菌灵、50%异菌脲等药剂喷雾防治，依据说明进行用药，且注意轮换交替使用农药。

 64 怎样防治番茄晚疫病?

晚疫病又称疫病，常发性真菌性病害，保护地发病较为严重。

（1）**发病症状。**该病在整个生育期均可发病，叶片、茎部及果实均可受害。苗期病斑多从叶片向主茎蔓延，使茎部变细并呈黑褐色，上部茎叶枯萎。成株期叶片和果实受害较重。叶片染病多从叶尖或叶缘发病，初为暗绿色水浸状、边缘不明显、形状不规则病斑，后变褐色；严重时，病斑相连致叶片变黑、干枯、脆而易破，并向叶柄扩展，叶柄折断。茎部受害，病斑初呈淡褐色水浸状，扩展后为褐色至黑褐色长条形或不规则形病斑，凹陷。病斑绕茎1周时，可导致全株枯死，为害最重；绿色果实易受害，多从近果柄处发病，蔓延至萼片再以云纹状不规则病斑向果实四周扩展。病斑呈棕褐色，稍凹陷，边缘无明显界限，表面粗糙，呈“铁皮果”状，严重时伴条状裂纹，有油状液体浸出，果肉质地坚硬。湿度大时，病部有白霉并软腐，若气温升高、湿度降低，则病斑停止扩展，白色霉层消失，干枯且质地易碎（图8–3）。

图8–3　番茄晚疫病发病症状

（2）**发病原因。**该病是由致病疫霉侵染导致的真菌性病害。病菌在茄科植物残体及土壤中越冬，借气流、雨水和灌溉水传播到番茄植株上，从气孔、表皮或伤口上直接侵入，在田间形成中心病株，条件适宜时进行多次重复侵染，引起该病流行。低温高湿的环境可使该病爆发。该病的发生与植株的抗病力及栽培条件相关，一般品种易感、种苗带病、底肥不足、偏施氮肥、连阴雨、光照不足、通风不良、浇水过多、定植过密、田间易积水等条件易发病。

（3）防治方法。

① 清除病原菌。发病初期及时摘除病叶、病果，并置于密闭容器中带出田外销毁，对穴内洒适量生石灰进行消毒，以避免病原菌飞散造成再次侵染。收获后及时清除病残体。

② 加强栽培管理。病田与非茄科作物轮作。选地势高、排灌好的田块，采用高畦、地膜覆盖栽培。定植缓苗后，合理配比氮磷钾肥，增强抗病性。及时整枝、摘心、打杈、摘除下部老叶。在冬春季栽培中，可采取放风降湿、提高温度、减少露结的方法预防病害发生。

③ 药剂防治。重茬老棚应在发病前用45%百菌清烟剂熏棚4次左右。发病初期可用百菌清烟剂或3%多抗霉素、10%氰霜唑、70%丙森锌等药剂进行喷雾防治。叶柄和茎秆染病后，可用72%霜脲·锰锌或58%甲霜·锰锌涂抹发病部位。相关药剂应遵照使用说明轮换使用。

65 怎样防治番茄叶霉病？

番茄叶霉病在各番茄产区普遍发生，是保护地栽培中的重要病害。病菌除导致叶片产生病斑影响光合作用外，还可侵染茎秆，影响果实品质和产量。

（1）发病症状。番茄叶霉病主要在叶部发病，严重时危害茎、花、果实等。叶片发病初期，叶正面病斑为椭圆形或不规则形，黄绿色或淡黄色，边界不明显。病斑在叶背面初呈灰白色或淡黄色，后转变为灰褐色或黑褐色绒毯状霉层。一般底叶先发病，逐渐向上蔓延，严重时，病斑连成片，病叶干枯卷曲，整株叶片枯萎脱落。嫩茎及果柄病斑与叶片相似，可蔓延到花部，引起花器凋萎和幼果脱落。果实染病，一般在果蒂处形成圆形黑色病斑，果实硬化，不能食用（图8-4）。

图 8-4　番茄叶霉病发病症状

（2）发病原因。该病是由褐孢霉侵染导致的真菌性病害。病菌可在病残体或种子上越冬，翌年在适宜条件下借风雨或气流传播，从叶背面气孔、萼片、花梗气孔侵入新寄主。高温高湿有利于该病发生。温度决定病害潜育期，在一定的温度范围内，温度高，潜育期短。湿度是决定病害流行的另一重要因素，可影响病斑产孢数量和分生孢子萌发率。在一定湿度下，空气相对湿度越高越易发病。

（3）防治方法。

① 种子处理。首选无病种子，若种子带菌，应采用温汤浸种或硫酸铜、高锰酸钾、武夷菌素水剂等药剂浸种处理后再催芽播种，或用克菌丹可湿性粉剂拌种。

② 加强栽培管理。重病田应与瓜类、豆类等作物实行轮作。采用无病土育苗和地膜覆盖的栽培方式。定植前用福尔马林消毒或硫黄熏蒸进行环境消毒。实施配方施肥，增施磷钾肥，控制灌溉水量，增强植株抗病力；此外，及时摘除病叶深埋，收获后清除病残体，深翻土壤，均可控制病害流行。

③ 药剂防治。发病前可采用百菌清烟剂定期进行熏蒸防护。发病后可用

70%甲基硫菌灵、705代森锰锌、50%敌菌灵、50%异菌脲、40%氟硅唑乳油等药剂进行喷雾处理，依据病情连续或交替用药，可有效控制病害。

66 怎样防治番茄灰叶斑病？

番茄灰叶斑病是春茬番茄种植中一种重要病害，发病迅速，误诊或防治不及时，会造成严重经济损失。

（1）发病症状。发病初期，出现褐色小点，逐渐扩大为圆形或近圆形。病斑可沿叶脉发展成片，呈不规则状，中间为灰白色至黄褐色，稍有凹陷，边缘有黄色晕圈，时有同心轮纹出现。发病后期，病斑可布满整个叶片，易穿孔破裂，叶片干枯脱落。发病严重时，可蔓延至叶柄、茎蔓，导致整个枝条变黄干枯，甚至萼片、果实染病，影响产量（图8-5）。

图8-5　番茄灰叶斑病症状

（2）发病原因。番茄灰叶斑病为茄匍柄霉导致的真菌性病害，病菌可随病残体在土壤中越冬，当温度、湿度条件适宜时在田间引起，初侵染后可随气流、灌溉水、农具和农事操作等途径传播，引发多次再侵染，使病害蔓延。该病在气候暖湿地区的春夏季发生，主要为害春茬番茄，秋季几乎不会发病。连续阴雨天、雾气重的早晨及温度时高时低均可促进该病的发生。连作多年地块、排水不好地块、氮肥施用较多地块，该病发生较重。

（3）防治方法。

① **加强栽培管理。**病重地块应与非寄主作物如十字花科、瓜类蔬菜进行轮作。在发病初期严格控制棚室内温度、湿度，适时放风除湿，并防止早晨棚膜滴水。注意平衡施肥，不可偏施氮、钾肥，同时注意补充磷、硼、钙等元素，培育健壮植株，增强植株抗病能力。在种植期间及时清除老弱病叶，拔出病株。拉秧后清理病残体并焚烧或深埋，以减少初始菌源。

② **药剂防治。**该病从发生到流行非常快，因此在发现初始病斑后及时用药治疗很重要。发病后可选用10%苯醚甲环唑、12%腈菌唑、70%甲基硫菌灵及甲氧基丙烯酸酯类杀菌剂等药剂。药剂的使用频率应依据发病程度及天气情况而定，如遇连续阴雨天可缩短用药间隔期。

67 怎样防治番茄灰霉病?

番茄灰霉病主要引起叶片及果实腐烂，在保护地和露地均可发生，严重影响番茄的产量和品质。

（1）发病症状。在番茄整个生育期，植株各个部位均可染病。苗期发病，先从叶边缘开始变软下垂，然后病部产生大量灰褐色霉层，茎叶腐烂，病株倒伏。成株期叶片发病一般叶尖或叶缘处产生水渍状且多呈“V”字形的病斑，边缘不规则或圆形轮纹，向全叶扩展，最后病叶干枯死亡。茎部染病初为水渍状小点，逐渐扩大并随湿度增加而产生灰色霉层，严重时植株枯死。花期受害，可引起落花，残留病菌还可从柱头、花瓣、花托上向果面、果柄蔓延，造成病部呈灰白色水渍状软腐的烂果或外缘白色、中间绿色的“花脸斑”（图8-6）。

（2）发病原因。该病是由灰葡萄孢引起的真菌性病害。病菌可在土壤中或病残体上越冬越夏，随气流、雨水及农事操作传播，从伤口、衰老的器官和花器侵入。病部产生的分生孢子可进一步随气流引起多次再侵染。低温高湿是该病发生的必要条件。此外，随意扔弃病果可引起孢子飞散传播。

图 8-6　番茄灰霉病发病症状

（3）防治方法。

① 加强栽培管理。用无病新土作苗床，培育健壮无病抗逆性强的壮苗。高垄栽培，双垄覆膜，膜下灌水，定植缓苗后适当控水，适度灌溉。在施足有机肥，增施磷钾肥的基础上，补施微量元素。据天气情况，合理放风，降低棚内湿度和叶面、果面结露时间。出现病株后尽量避免农事操作引起的传播，及时拔出病株并集中销毁。授粉结束或蘸花后可摘除幼果上残留的花瓣及柱头，以减少病菌在果实上的初侵染点。也可将50%扑海因、50%多菌灵等掺在点花药液中，以防止病菌从花器感染果实。

② 药剂防治。幼苗移栽前1周喷施1次广谱杀菌药，以防止苗期病害带到定植田。定植缓苗后施1次药，除植株外还要兼顾周围土壤等处；发病后可采用40%嘧霉胺、2%武夷菌素、65%甲霉灵等药剂喷施，同时阴雨天气兼用45%百菌清、10%速克灵等烟剂熏棚处理。各药剂应按说明使用，并注意交替用药避免产生抗药性。

68 怎样防治番茄斑枯病?

番茄斑枯病又叫斑点病、白星病，是番茄生产中一种主要叶部病害，发病严重时叶片大量脱落，若在结果期发病则严重影响产量。

（1）发病症状。该病在番茄整个生育期均可发病，主要为害叶片，尤其在开花结果期叶片发病较多。一般近地面老叶先发病，逐渐蔓延到上部叶片。发病初期，叶片背面出现水浸状小斑点，后逐渐扩展成圆形或椭圆形坏死斑点，边缘深褐色，中间灰白色略凹陷。严重时形成大枯斑并脱落穿孔，叶片干枯，植株早衰。田间抗病植株症状为极小斑点，感病植株则为大斑点。叶柄、茎部和果实发病症状与叶片类似。

（2）发病原因。该病是番茄壳针孢菌侵染引起的真菌性病害，病原在病残体、种子、粪肥或多年生茄科杂草上越冬。田间主要靠昆虫、雨水、气流、灌溉水和农事操作传播。该病菌的分生孢子器必须有水滴才能释放新的分生孢子，所以雨水在传播中有重要作用。多雨天、温暖潮湿且阳光不足的阴天或根部积水等情况下易发病。该病常在夏初发生，果实采收的中后期可快速发病。

（3）防治方法。

① 种子消毒。首选无病种子，若种子带菌，先将种子晾晒1～2天后，温汤浸种，晾干播种。

② 农业防治。有条件的地区与非茄科作物，最好是豆科或禾本科作物进行轮作。在无病区或采用无病土育苗。高畦或小高畦栽培，定植不宜过密。施足基肥，控制氮肥，增施磷钾肥，增强植株抗性。保证田间清洁度，清沟沥水，通风排湿。

③ 药剂防治。发病前可喷施75%百菌清、70%代森锰锌进行防护。发病后可选用70%甲基硫菌灵、50%多菌灵、58%甲霜锰锌、70%代森锰锌、50%异菌脲等药剂进行喷雾防治。

69 怎样防治番茄猝倒病？

番茄猝倒病又叫倒苗病、小脚瘟，各番茄产区均有发生，严重时幼苗成片倒伏死亡。

（1）发病症状。该病主要为害番茄幼苗。幼苗在真叶期初期，茎部皮层较嫩时开始发病。发病初期茎基部为水浸状病斑，逐渐变暗褐色，绕茎1周时病部腐烂、收缩成细线状后植株倒伏死亡。该病发生迅速，经常子叶还没萎蔫，病苗就已倒地。幼苗一旦染病，可快速向周围蔓延，引发成片幼苗倒伏、死亡。潮湿环境下，病部出现白色绒毛霉状物。猝倒病在低温高湿、光照不足、通风差等条件下发病严重，特别是冬春季育苗期遇到连续阴、雨、雪等恶劣天气时，会爆发该病。病苗倒伏时植株仍为绿色，是该病的显著特点。

（2）发病原因。该病是由瓜果腐霉侵染引起的真菌性病害。病菌在土壤中及病残体上越冬，因其腐生性很强，可在土壤中长期存活。环境条件适宜时，病菌侵染胚芽或幼苗。也可通过雨水、灌溉水、未腐熟农家肥、农具、种子以及移栽传播。苗床低温高湿是该病害发生的重要条件，因此早春苗床温度低、湿度大时利于发病。光照不足、播种过密、幼苗徒长、长势弱都能诱发该病。浇水后积水或者薄膜滴水处的苗子易成为中心病株。

（3）防治方法。

① 种子消毒。可采用温汤浸种、干热灭菌、3药剂拌种等方式对种子处理后，再播种。

② 苗床的选择与管理。选择地势较高、土质肥沃、疏松无菌、避风向阳的田地作苗床。苗床土可用32.7%威百亩消毒或添加甲壳素、稻壳、蔗渣、虾壳粉等土壤添加剂，均可有效提高幼苗抗病性。苗床施用经酵素沤制的堆肥，减少化肥及农药使用量。出苗后在温暖晴天揭开覆盖物炼苗。育苗区湿度不宜过高，严格控制浇水，阴雨天浇水可用喷壶轻浇。苗床既要注意保暖防寒，又要通风透光，减少水珠凝结。特别是连阴天时，应通风换气或撒施草木灰降低湿度。

③ 药剂防治。发现病株应立即拔出销毁并喷药防治。可选用68%精甲霜·锰锌、3%霉灵·甲霜灵+65%代森锌、25%吡唑醚菌脂+75%百菌清、69%烯酰·锰锌、15%霉灵+50%甲霜灵等药剂进行交替喷雾防治。以上午喷药为好，视病情每隔7～10天喷洒1次，连喷2～3次。

 怎样防治番茄立枯病?

番茄立枯病俗称霉根，是番茄苗期常见病害，多为害中后期幼苗。各地均有发生，严重时可成片死苗，给生产造成巨大损失。

（1）发病症状。刚出土的幼苗和大苗均可受害，多在育苗中后期发病，严重时未出土就死亡，与猝倒病类似。病苗茎基部形成褐色椭圆形病斑，绕茎发展扩大，渐凹陷。发病早期地上部白天萎蔫，夜间恢复，幼苗上部无明显症状；发病后期，病斑凹陷缢缩，绕茎1周。水分无法向上供应，造成地上部茎叶萎蔫枯萎，整株死亡，不倒伏，呈立枯状。湿度大时，病部腐烂，呈溃疡状，形成淡褐色蛛丝状霉层。

（2）发病原因。该病是由立枯丝核菌引起的真菌性病害。病菌主要在土壤中或病残体上越冬，且在土壤中腐生性较强，可存活2～3年。病菌通过雨水、灌溉水、带菌农具以及堆肥等方式传播，反复侵染。重茬栽培地、反季节栽培幼苗、苗床或棚室温度高、湿度大、土壤透气性不好、施用未腐熟肥料、通风不良、光照不足等条件下易发病。

（3）防治方法。

① 培育无病壮苗。种子采用温汤浸种或药剂浸种的方式处理后再播种。有条件时用营养钵、营养袋、穴盘等育苗，也可选近年来未种过茄科蔬菜的地块育苗。应选择地势高燥，土质较松，排灌方便的田块作苗床。苗床土可采用25%甲霜灵、70%代森锰锌或50%多菌灵制作药土消毒或采用75%代森锰锌、40%百菌清、3.5%甲霜灵、45%克菌丹等药剂拌种。育苗期注意幼苗锻炼，防止徒长，及时通风降湿。

② 加强栽培管理。定植前应持续闷棚杀死残存的病原菌，减轻病害发生。增施腐熟有机肥和磷钾肥，少施氮肥，增强植株抗病力。小水勤浇，避免大水漫灌，可采用滴灌或地膜覆盖浇膜下浇水技术。番茄开花前，棚室内均匀撒草木灰，可降低湿度，提高土温。既要注意保温防寒，又要注意通风降温。

③ 药剂防治。发病后可选用70%甲基硫菌灵、50%多菌灵、20%甲霜灵、40%百菌清、43%戊唑醇、50%异菌脲、3%多抗霉素等药剂进行喷雾防治，间隔7～10天喷1次，连续3～4次。若猝倒病和立枯病混合发生，可将相关药剂混合施用。

71 怎样防治番茄茎基腐病?

番茄茎基腐病是一种土传病害，在各番茄产区均有不同程度发生，常造成缺苗断垄，给番茄生产造成较大损失。

（1）发病症状。该病主要为害育苗期大苗和定植后番茄的茎基部或地下部主、侧根。幼苗感病后，茎基部呈褐色并变细，中上部茎叶逐渐萎蔫下垂和枯死。大苗开始感病时，白天萎蔫，夜晚恢复，几天后，病斑环绕茎1周，植株逐渐枯死，一般不倒伏。定植后发病，暗褐色病斑绕茎基部或根部扩展，使病部变为褐色腐烂状，地上部器官逐渐变色并停止生长。该病在果实膨大后期发生，植株会逐渐萎蔫枯死，病部常出现具同心轮纹的椭圆形或不规则形褐色病斑。整体上讲，该病常造成番茄发育不良，地上部叶片发黄，落花落果，果实小，口感不良，产量下降，品质变劣（图8-7）。

图8-7　番茄茎基腐病发病症状

（2）发病原因。该病是由立枯丝核菌侵染所致的真菌性病害。病菌多在土壤中或病残体上越冬，可在土壤中腐生2～3年。病原借助风力、水流、农具及人员走动进行传播、蔓延。在棚室等保护地温暖湿润环境时该病发展蔓延速度较快。另外，在连阴雨天气、浇水过多、土壤黏重、通风透光不良、茎基部受伤、种植太深、连茬种植、棚室温度过高、施用未腐熟肥料等因素均会诱发该病。

（3）防治方法。

① 培育无病壮苗。种子采用温汤浸种或药剂浸种等方式消毒再播种。选择营养钵、营养袋、穴盘等方式育苗。可用50%多菌灵等药剂拌土铺垫并覆盖种子。育苗密度不宜过大，控制浇水量，多通风炼苗。移栽前用3%噁霉·甲霜灵灌根处理后分苗定植，可减少移栽后发病。

② 加强田间管理。上茬作物收获后及时清除病残体并集中烧毁或深埋。定植前高温连闷。发病地块与非茄科蔬菜适当轮作。尽量选中性或砂性地块，

做高畦或半高畦栽培，施用充分腐熟有机肥，合理密植。定植后及时中耕松土，小水勤浇，以免沤根。管理过程中尽量减少人为伤口，及时放风排湿。发现病株尽早销毁，并在病穴周围撒适量生石灰。

③ 药剂防治。幼苗期发病可喷施75%百菌清或50%福美双。定植后至成株期发病，发病初期病斑没有环绕番茄茎基部1周时，可将40%拌种双与表土混合后，用堆土方式将基部病部埋上，促使病斑上方长出不定根。发病较严重时，可将75%百菌清、36%甲基硫菌灵、50%福美双等药剂遵照说明配制后喷淋茎基部。此外，保护地可用45%百菌清烟剂或15%腐霉利烟剂进行熏治。

72 怎样防治番茄枯萎病?

番茄枯萎病又称萎蔫病，是一种土传病害，一般在作物花期或结果期发病，对番茄产量有较大影响。

（1）发病症状。番茄整个生育期均会发病。症状由下向上逐渐显现，传染性强，但发病速度缓慢，一般15～30天整个植株才会枯死。发病初期下部叶片先变黄，向上蔓延，最后顶芽枯萎，整株死亡。也会有半个叶序或半边叶发黄、仅茎的一侧叶片发黄变褐后枯死或茎秆一侧自下而上出现凹陷病斑的情况。湿度大时，病部形成粉红色霉层。病茎内部呈褐色但不变空，这是区别于溃疡病的特点；挤压不会流出乳白色黏液，这是区别于青枯病的特点（图8-8）。

图8-8　番茄枯萎病发病症状

（2）发病原因。

番茄枯萎病是由尖镰孢菌侵染导致的真菌性病害。病菌随植株病残体在土壤中或附着在种子上越冬。病菌通过种子、雨水、灌溉水等传播，一般从幼根或伤口侵染，产生毒素，最后导致寄主叶片发黄或枯萎而死。连作地、酸性土壤、线虫危害地、土壤潮湿、雨后积水、种子带菌、移栽或中耕时伤根多、植株生长势弱等条件均可造成枯萎病害发生。

（3）防治方法。

① 培育壮苗。首选无病菌的种子。播种前采用温汤浸种或药剂消毒的方式处理后再播种。采用无病土营养钵育苗或新苗床土育苗，减少移栽伤根。用50%多菌灵拌土后播种，种子夹在药土中，防治效果明显。

② 加强田间管理。选择排水良好、土壤不黏重的地块做高畦，地膜覆盖栽培。采用配方施肥，施用充分腐熟的有机肥，适当增加磷钾肥。生长前期适当控水控肥，促进根系生长，提高植株抗病性。后期肥水采取少量多次原则，避免大水大肥，防止病菌借水蔓延。大棚及时通风散湿。摘除病叶、病果，或全株拔除，带到田外销毁。前茬作物收获后，彻底清除残枝、败叶、根等，减少病原基数，控制初侵染源。

③ 药剂防治。发病后可喷洒50%多菌灵、0.5%小檗碱、99%恶霉灵等药剂，依据植株生长情况和发病程度施药。

73 怎样防治番茄果腐病?

番茄果腐病主要在番茄成熟果实上发病，在各产区均有不同程度发生。

（1）发病症状。番茄果腐病有两种类型。番茄镰刀菌果腐病在发病初期果实表面出现较淡色斑，逐渐变为褐色，病斑形状不规则，无明显边界，可蔓延至整个果实。若果实有伤口，病菌优先从伤口侵入。环境湿度较大时，病部出现棉絮状略有红色的菌丝体，果实慢慢腐烂，最后脱落。番茄丝核菌果腐病一般在近地面成熟果的脐部或果肩处发病，开始为水浸状色斑，扩大后的呈暗褐色且略有凹陷状。色斑表面有褐色蛛丝状霉层，中心部位开裂，果实腐烂。

（2）发病原因。番茄镰刀菌果腐病是由尖孢镰刀菌引起，该菌可在病残体上或土壤中过冬。番茄丝核菌果腐病是由立枯丝核菌引起，该菌主要通过雨水、灌溉水传播。番茄果腐病的发生与温度有很大关系，早春露地栽培番茄前期、保护地番茄生长后期该病发生严重。茄果类蔬菜连坐地块、灌水过多、湿度太大等因素均易诱发该病，此外，果实与地面接触特别是生理裂果和伤口处更易发病。

（3）防治方法。

① 营造良好栽培环境。采取高畦栽培，地膜覆盖，膜下浇水方式，避免果实与地面接触。控制浇水量，及时放风排湿。果实成熟后及时采收，病果摘除后应集中处理。

② 药剂防治。在果实着色前可选用50%多菌灵、25%嘧霉胺、70%甲基硫菌灵等药剂进行全叶喷雾防护，重点喷施果实。

74 怎样防治番茄白粉病?

番茄白粉病是番茄生产中一种常见普通病害，发病重时可造成植株早衰死亡。

（1）发病症状。该病害在叶片、叶柄、茎和果实上均可发生，其中叶片发病最重。一般下部叶片先发病，逐步向上部蔓延。叶片发病初期，出现褪绿小点并逐渐扩大成不规则病斑。病斑表面白色粉状物越来越厚，并向四周扩展连成片，严重时整个叶片布满白粉，白粉底部叶片具有边缘不明显的黄绿色斑。发病后期病叶变成黑褐色并逐渐枯死。植株其他部位染病也产生白粉状病斑（图8-9）。

图8-9　番茄白粉病发病症状

（2）发病原因。番茄白粉病是由番茄粉孢或番茄新粉孢引起的真菌性病害。南方常年种植番茄区域，病原无明显越冬现象，在田间借气流传播，造成田间病害终年不断。病原在北方寒冷地区主要在冬作茄科蔬菜残体上越冬。病菌也可通过雨水、灌溉水、昆虫、农事操作传播。白粉病多在番茄中后期发病，特别是高温干燥条件下易流行。

（3）防治方法。

① **农业防治。**前茬作物采收后及时清除病残体，减少越冬菌源。选择地势较高、排水好的地块或采用高垄栽培。定植前棚室内用硫黄烟剂熏蒸消毒。定植时剔除弱苗、单株栽培、合理密植。小水勤浇，避免土壤忽干忽湿。经常通风换气，调节棚室内温度、湿度。植株下部老叶、病叶及时摘除，带出田间烧毁或深埋。

② **药剂防治。**播种时可用75%百菌清、70%甲基硫菌灵等药剂拌土，播种时铺垫和覆盖种子，或将药土沟施、穴施或撒施。还可用2%多抗霉素在苗床上消毒。发病前喷施50%硫黄和70%代森锰锌预防。发病后可选用70%甲基硫菌灵、2%武夷菌素、50%多菌灵、25%阿米西达、15%三唑酮等药剂按说明配制后喷施，间隔7～10天喷1次，连续用药2～3次。严重时，棚室内可搭配烟雾剂或粉尘剂，如硫黄烟熏剂、10%百菌·多菌灵粉剂一起使用。

75　怎样防治番茄细菌性髓部坏死病？

番茄细菌性髓部坏死病是一种系统性侵染病害，且传播性强，在早期难发现，生长后期显现后已发病严重，对番茄生产造成严重损失。

（1）发病症状。该病害主要为害番茄的茎和分枝，叶片和果实上也可发病。植株多在青果期发病，且病程发展较慢。一般下部茎表先出现褐色或黑褐色病斑，髓部发生病变的地方有不定根生出，随后不定根上下方均出现褐色至黑褐色斑块。湿度大时，病茎伤口处、叶柄脱落处和不定根上会溢出黄褐色菌脓，区别于溃疡病。果实发病多从果柄处变褐，最后整个果实变成褐色腐烂状，果皮硬，挂枝上。分枝、花器官及果穗的症状与茎部发病相似。

（2）发病原因。该病是由番茄髓部坏死病假单胞菌（又称皱纹假单胞菌）

引起的细菌性病害。病原随病残体在土壤中或带菌种子中越冬，可通过雨水、灌溉水、农事操作等途径进行传播，从植株的伤口等处侵入。

（3）防治方法。

① 种子处理。对可能带菌的种子采用温汤浸种或药剂浸种的方式消毒处理后再播种。

② 加强栽培管理。发病地块应避免连作，可与非茄科作物轮作。深翻土壤，改善土壤结构，提高土壤保肥保水性能。施用腐熟有机肥，不偏施氮肥，增施磷钾肥。采用高畦地膜覆盖栽培，防止田间积水。经常通风，控制棚内温度、湿度，阴雨天或露水大时不整枝打杈。保持田间清洁，及时销毁病残体。

③ 药剂防治。在定植前1周，可用40%福尔马林溶液泼浇地面，并覆盖薄膜，封棚杀菌。田间出现病株后，立即喷药防治。可选用72%农用链霉素、85%三氯异腈尿酸、90%新植霉素、77%氢氧化铜、14%络氨铜等药剂按照说明配制后喷雾防治，每10天1次，连续防治2～3次。也可用上述药剂灌根处理病株。

76 怎样防治番茄青枯病?

番茄青枯病又叫细菌性枯萎病，发病急，蔓延快，严重时造成植株成片死亡，使番茄严重减产甚至绝收，是番茄生产中一种主要病害。

（1）发病症状。该病在苗期侵染后通常不表现症状，直到开花坐果期发病。发病植株顶部、下中部叶片相继出现中午萎蔫，傍晚恢复症状。一侧叶片先萎蔫或整株叶片同时萎蔫的情况也有发生。从局部叶片出现萎蔫到全株萎蔫不再恢复时间很短，病叶一般不变黄，叶色较淡，整体仍保持绿色，故称青枯病。病茎下端粗糙不平，常有不定芽和不定根。发病末期茎病部大多中空腐烂，但根部正常。湿度大时，发病的茎或叶柄可挤压有出菌脓，这是此病区别于真菌性枯萎病的重要特征（图8-10）。

图 8-10　番茄青枯病发病症状

（2）发病原因。青枯病是由茄劳尔氏菌侵染导致的细菌性病害。病菌随病残体在土壤中越冬，无寄主也可在土壤中存活14个月至6年之久。病原菌主要通过雨水、灌溉水、地下害虫、农具、带菌土壤及人、畜传播，病果及带菌肥料也可传菌。病菌多从根部或茎基部皮孔或伤口侵入，初为潜伏侵染，条件适宜时在植株体内迅速繁殖，导致茎叶因得不到水分萎蔫枯死。高温高湿易诱发该病，连续阴雨天后天气骤晴或气温急剧回升易引起该病害流行。中耕伤根、幼苗生长较弱、茄科作物多年连作地块、低洼积水、干湿不均、氮肥过多缺钾肥或酸性土壤等均可加重发病。

（3）防治方法。

① 农业防治。前茬病田应避免与茄科作物连作或邻作。春番茄早育苗，早移栽；秋番茄适当推迟定植，避开高温期，也可采用嫁接技术提高植株抗性。结合整地撒施生石灰调节土壤酸碱度。无病育苗，采用高畦窄垄种植，幼苗定植不宜过深。前期中耕要深，后期中耕要浅，以防伤根。施用充分腐熟的有机肥，合理配比氮磷钾肥。避免大水漫灌，雨后及时排水。及时拔除病株，将其深埋或销毁，病穴用生石灰或2%福尔马林消毒处理。

② 药剂防治。播种前将种子用50%克菌丹拌种可降低土壤中根际周围含菌量。在发病初期可选用72%农用硫酸链霉素、25%络氨铜、77%氢氧化铜、50%琥胶肥酸铜、20%噻菌铜、0.5%小檗碱等药剂进行灌根处理。每隔7天灌根1次，连灌2～3次。

77 怎样防治番茄溃疡病？

番茄溃疡病又称细菌性溃疡病，传播迅速，为害严重，防治困难，是番茄生产中一种毁灭性病害。

（1）发病症状。幼苗期发病，叶片自上而下萎蔫，植株矮化甚至枯死。成株期病原菌一般从叶边缘侵染，初期出现褐色并伴有黄色晕圈的病斑，随后逐渐扩大为黑褐色病斑，叶片整体火烧状。当病菌从叶面侵染时形成凹陷的褐色小斑点，病斑呈近圆形或不规则状。一般近地面叶片先发病，叶片卷缩下垂，逐渐向顶端蔓延。病株整体枯萎速度较慢，不出现萎蔫症状，但生长缓慢。叶脉和叶柄感病后出现白色小点，随病情发展形成褐色条斑，并进一步呈开裂溃疡状，茎变粗并形成有不定根的瘤状突起，最后茎病部下陷或开裂，髓部中空状，容易折断，叶片枯死，植株上部呈青枯状。湿度较大时，病部有褐色菌脓溢出。幼果感病后会滞育、皱缩、畸形。陆地栽培番茄较大果实感病后在病斑中央出现有白色晕圈的黑色小斑点，中心粗糙，略凸起，呈典型"鸟眼斑"；但温室番茄果实感病后通常为大理石或网状纹理。

（2）发病原因。该病是由密执安棒形杆菌侵染导致的细菌性病害。病原菌在种子和病残体上越冬，能在土壤中存活2～3年。种子带菌率可达50%，在病害远距离传播中起重要作用，是新病区的主要初侵染源。病原菌通过雨水、灌溉水及产生伤口的农事操作传播，经各种伤口、茎部、花柄处侵入植物体内，特别是连阴雨及暴雨天，容易通过分苗移栽及整枝打杈等农事操作传播。

（3）防治方法。

① **加强检疫。**该病种子带菌率极高，且传播快，为害大，应加强检疫措施，严禁疫区的种子、果实、幼苗输入无病产区。

② **种子消毒。**在无病留种田内采收种子。播种前采用温汤浸种、1.3%次氯酸钠消毒的方式对种子消毒后再用清水冲洗干净，晾干播种。

③ **营造良好的栽培环境。**采用新苗床或更换无病菌新床土育苗。重病田与非茄科作物实行轮作，或在夏季高温季节闷棚处理，也可用威百亩在定植前1个月对土壤进行熏蒸处理。高畦栽培，地膜滴灌。各种农事操作应在露水干

后进行。发病田与无病区交替作业时，对农具消毒或更换新农具，工人换工作服，手用肥皂水清洗。病株及时销毁，并用生石灰对病穴消毒处理。

④ **药剂防治。**可采用生物药剂3%的中生霉素、2%的春雷霉素对植株整体喷雾，可有效预防和控制病情的发生和发展。常用的化学药剂有20%络氨铜、20%噻菌铜悬、47%加瑞农、77%可杀得等，药剂应遵照使用说明配制使用。

 怎样防治番茄疮痂病？

疮痂病田间发病率可达50%以上，对番茄产量和品质影响很大，是保护地番茄的主要病害之一。

（1）发病症状。番茄疮痂病又称细菌性斑点病。主要为害叶片及果实，也能为害茎、花和果柄。近地面老叶先发病，再向植株上部蔓延。发病初期叶背面形成水渍状暗绿色小圆点斑，后扩大成圆形或不规则具褪绿窄晕圈的褐色坏死病斑，表面粗糙不平，中心处较薄。发病中后期病斑变为褐色或黑色，叶片质脆干枯。茎染病，初期在茎沟处产生暗绿色、水渍状小斑点，逐渐发展成长椭圆形黑褐色病斑，边缘稍隆起，裂开后呈疮痂状。幼果和青果易发病，果面先长出中央凹陷四周略隆起的白色斑点，扩大成黄褐色或黑褐色近圆形、呈疮痂状的粗糙病斑。

（2）发病原因。该病害是由野油菜单胞菌辣椒斑点致病变种侵染导致的细菌性病害。病原菌主要附着在种子表面或随病残体在土壤中越冬，种子带菌是病害远距离传播的重要途径。播种带菌种子，幼苗即可发病。在植株表面具水滴或水膜的条件下，病原菌从气孔、水孔或伤口侵入寄主。并通过风、雨、昆虫、露水或灌溉水等扩散，在田间引起多次再侵染。病菌喜温暖潮湿的环境，高温、高湿、多雨是发病的主要条件。果实日灼受伤、钻蛀性害虫造成伤口、植株瘦弱、排水不良、肥料不足或偏施氮肥均可加重病害发生。

（3）防治方法。

① **种子处理。**从无病种田或无病单株上采收种子，播种前采用温汤浸种或次氯酸钠药剂浸种等方式对种子消毒后再催芽播种或直播。

② **农业防治。**前茬病田与十字花科或禾本科作物实行合理轮作。结合整

地用石灰氮对土壤消毒，覆盖地膜并高温闷棚。采用高畦栽培，地膜覆盖，膜下灌水、滴灌或管灌。番茄生长期增施磷钾肥，提高植株抗病性。合理密植，露水干后再进行整枝、打杈等农事操作。摘除的病叶、老叶、病残体和杂草及时清理并于田外销毁。适时通风换气，控制棚内温湿度。

③ **药剂防治**。该病传播很快，发病前预防和发病初期及时处理，能有效预防和控制病害的发生和传播。可选47%加瑞农、77%可杀得、0.5%小檗碱、72%农用链霉素、3%中生菌素、20%叶枯唑等药剂进行喷雾防治，根据病情每隔7～10天喷1次，连续防治2～3次。

79 怎样防治番茄花叶病毒病？

番茄花叶病毒病是番茄病毒病中最常见的一种，整个生长期都会发生。在花期到坐果期容易发病并引起落花落果，对产量影响较大。

（1）发病症状。发病初期，除叶片上出现浓绿和淡绿相间斑驳外，无其他生长变化。随病情加重，叶片浓绿处稍隆起，叶面皱缩不平整。新叶变小、细长或扭曲畸形，叶脉发紫，叶柄和茎部产生褐色坏死斑点，植株矮化，果实表面出现坏死，果肉褐变。

（2）发病原因。该病是由番茄花叶病毒侵染导致，主要通过病株间摩擦和农事操作进行扩散与传播，也可通过蚜虫传播。病毒还可在土壤、种子及中间寄主植物上越冬越夏。高温季节发病较重，冷凉时较轻，且保护地种植可有效抑制该病发生。

（3）防治方法。

① **种子处理**。病株种子有较高带毒率，需用10%磷酸三钠溶液浸种处理1小时左右，冲洗浸泡液后再播种。

② **栽培管理**。种植地块应避免重茬，与其他非寄主植物轮作，尤其与水稻轮作效果好。在番茄整个生育期中应彻底清除田间及园区内杂草，避免作为中间寄主传播病毒。彻底清除田间植株残体，焚烧或翻埋。开展打杈、吊蔓、采收等农事操作应对病健植株进行区分，工具接触病株后需消毒和清洗才能开展其他作业。

③ **药剂防治**。在发病初期可选用20%盐酸吗啉胍乙酸酮、10%混合脂肪酸、

8%宁南霉素等药剂喷施，后续再根据病情施药2～3次，可有效延缓病情的加重。

 怎样防治番茄黄化曲叶病毒病?

番茄黄化曲叶病毒病主要在热带和亚热带地区发生，因气候变暖，温带地区也有发生。我国的主要番茄产区均有发生。

（1）发病症状。番茄植株在感病初期节间缩短、株型矮化、生长迟缓或停滞；病叶小、边缘鲜黄色，向上卷曲为褶皱，叶质粗厚且硬脆，叶边缘至叶脉间褪绿黄化；从发病处向上蔓延，导致上部叶片发病重，下部老叶症状轻；感病后期，花减少，花期延后，坐果少而小，畸形果较多，成熟期果实不能正常转色，着色不均匀，产量和果实的商品性大幅下降（图8-11）。

图8-11　番茄黄化曲叶病毒病发病症状

（2）发病原因。该病是由番茄黄化曲叶病毒侵染导致，主要通过烟粉虱以持久方式传播，嫁接也可传毒，但卵、蚜虫、土壤、种子和机械摩擦均不传毒。

（3）防治方法。

① 加强田间管理。避免连作，育苗棚与定植地块分开；保持田园清洁，育苗基质及苗床土应消毒；棚内设防虫网、悬挂黄色诱虫板；移栽健康壮苗，肥水少量多次，控制温度、湿度；发现病株及时销毁。秋冬茬适当延迟播种时间，错开粉虱的高温爆发期。也可在冷凉阶段间作种植烟粉虱不喜好的蔬菜，

如生菜、芹菜、大蒜等。

② **控制烟粉虱虫源。**种植前在棚室内用药剂熏蒸；种植场所内的病残体及杂草全面清除并销毁。棚室内配黄色诱虫板、防虫网并设置缓冲门。田间可铺设黑白或银黑地膜，干扰烟粉虱取食活动。

③ **生物防治。**田间放养烟粉虱天敌如丽蚜小蜂，同期内不用广谱性农药以免杀死天敌。

④ **化学防治。**烟粉虱翅面蜡粉，使其具有强抗药性，且后期世代重叠严重，所以应及早防治。在番茄定植前用（敌敌畏）烟剂熏杀烟粉虱；在烟粉虱发生初期可选用20%啶虫脒、25%噻虫嗪、245螺虫乙酯、10%烯啶虫胺等药剂进行防治。20%盐酸吗啉胍乙酸酮或10%混合脂肪酸等可在植株发病初期喷施，延缓病情加重。

81 怎样防治番茄褪绿病毒病？

番茄褪绿病毒病是近年来国内外频发的病害，番茄感病后出现严重褪绿和黄化，农户称为“黄头”，该病严重威胁我国番茄产业健康发展。

（1）发病症状。苗期感病后，仅叶脉间斑驳失绿，难识别。定植后，先从中下部叶片发病，向上和向下两个方向发展，最后全株系统发病。具体表现为下部成熟叶片叶脉间褪绿或黄化，中下部叶片叶脉逐渐变深绿色，叶脉间褪绿及黄化现象加重，叶片边缘轻微上卷，出现局部红褐色坏死斑点等症状，病情向上蔓延，顶部叶片黄化并伴随植株矮化、长势变弱甚至停滞。在发病后期，下部叶片变得厚且脆，易折断或干枯脱落，坐果率低，果实不能正常膨大且转色困难，产量和品质明显降低，商品价值大大降低，严重时绝收。

（2）发病原因。番茄褪绿病毒病是番茄褪绿病毒引起，由粉虱传播，寄主范围广，以茄科为主。病毒通过粉虱等活体媒介以半持久方式传播，不能通过汁液摩擦或种子传播。其潜伏侵染特性让苗期感病植株症状不明显，病毒可随商品苗销售而远距离传播，再被当地粉虱等媒介昆虫近距离传播，造成病情爆发现象。

（3）防治方法。国内外缺乏针对番茄褪绿病毒病的抗病品种，也没有防治该病害的特异性药物，应从控制毒源、控制媒介粉虱方面入手，防治工作应遵循“预防为主，综合防治”的原则，加强栽培管理。病重田应与寄主以外的作物（如禾本科）轮作。防止带毒种苗传入无病区。自主育苗应做好各环节的消毒及防护工作。适当提前或延迟定植时间，避开粉虱活动高峰期。定植需多施腐熟有机肥并浇透底水，定植后加强温度、湿度控制及肥水管理。生长前期可喷施叶面肥或有机叶绿素、芸苔素内酯等营养剂，增强抗病力。整个生长期内都应保持田园清洁。育苗棚及种植棚设纱网门；通风口用60～90目的防虫网，棚内悬挂黄色粘虫板。疑似病株应立即拔除销毁。

怎样防治番茄条斑病毒病？

番茄条斑病毒病在各番茄产区均有发生，发病率可达100%，对产量造成巨大损失，是番茄的一种重要病害。

（1）发病症状。病症可表现在茎、叶、果等部位。初期病株上部叶片呈深浅绿相间的花叶或黄绿色，有时局部坏死或叶背叶脉出现紫褐色油浸状条斑并逐渐变为黑褐色。病斑可互连成坏死大斑并沿叶柄蔓延到茎部。茎秆发病早则节间短，病部生暗绿色长短不等下陷短条纹，后为深褐色下陷油渍状不规则坏死条斑，逐渐蔓延围拢，病部质脆易折断，致使病株黄萎枯死。果实果面呈不规则褐色凹陷的油渍状坏死斑块，后期变为黑色枯斑。果实畸形、坚硬，表面凹凸不平，严重者可变褐腐烂。该病病部变色仅在表皮而不深入茎内和果肉，这是与番茄筋腐病的区别之处。

（2）发病原因。该病是由烟草花叶病毒和马铃薯X病毒侵染导致的病毒病。病毒可在活体植株、土壤、土壤病残体、种子上黏附的果肉内等场所越冬，主要通过种子、蚜虫及汁液接触传染，病健叶片间轻微摩擦后病毒即可传入。因此，分苗、定植、整枝打杈等各项容易引起伤口和人为接触传染的农事操作均应注意病健株区别对待。蚜虫是该病主要传毒媒介，春季干旱蚜虫较多时发病较重。该病多在露地栽培条件下发生，定植后阴雨天且低温环境、重茬种植、土壤干旱、缺肥或追肥不及时、排水不良、移苗时伤根严重等情况下均易诱发该病。

（3）防治方法。

①种子消毒。播种前采用温汤浸种、药剂浸种或干热消毒等方式杀死种子上附着的病毒。

② 加强栽培管理。病田与非寄主作物轮作或间作玉米、向日葵等高秆作物。深翻土壤、施足底肥、合理配比氮磷钾肥、中耕除草培育壮苗。高温干旱天气应小水勤灌，农事操作注意病健株区别对待，发病植株及时拔出并于田外销毁。

③ 药剂防治。在未发病时可定期喷药防治蚜虫。发病后可选用1%植病灵、20%盐酸吗啉胍乙酸铜或高锰酸钾，遵照使用说明配制药剂，根据病情施药，可有效控制病毒病的为害。

83 怎样防治番茄斑萎病毒病？

番茄斑萎病毒病寄主范围广，传播介体防控困难，可对寄主产量造成严重损失，是番茄黄化曲叶病毒病之后的又一毁灭性病害，已成为保护地番茄生产最主要的一种病毒病。

（1）发病症状。番茄斑萎病毒病在番茄全生育期均可发生，可引起植株坏死、黄萎以及在叶片、茎部、果实出现斑点等症状。苗期染病后生长点和幼叶呈铜色上卷，继而形成许多黑色小斑点，叶背面叶脉发紫，最后生长点和叶片坏死，整株萎蔫，不能正常开花结果。定植后染病，叶柄和茎部出现褐色坏死条斑，病株矮化或仅半边生长，发病严重时叶片萎蔫下垂。果实染病后表面出现褪绿环形斑，有白色至黄色同心环纹，中央隆起使果面不平，严重时果实畸形、僵硬、皱缩且易脱落。典型特征是成熟红色果实上有橘黄色或红色斑且有明亮的黄色环纹。果实表皮褐色坏死症状是区别于脐腐病的重要特点。

（2）发病原因。该病害是由番茄斑萎病毒病侵染导致的病毒病。病毒可通过汁液接触传播，普通的农事操作均会造成病毒的株间传播，不能通过种子传播。生长期内主要通过多种蓟马进行持久性传播，高温干旱天气、施用氮肥较多的地块有利于蓟马的附着寄生，也有利于该病发生。

（3）防治方法。

① 加强检疫。番茄斑萎病毒是中国禁止入境的检疫性有害生物，是农业生产上具有危险性的植物病毒。国际、国内调运种苗是番茄斑萎病毒病远距离传播的主要方式。应严格对种苗入境检疫，严禁疫区的种苗进入市场流通。

② 加强栽培管理。将种子采用温汤浸种、药剂浸种或干热消毒等方式处

理后再催芽播种或直播。在田间悬挂蓝色诱虫板诱杀蓟马。合理密植，减少枝叶摩擦。控制氮肥，增施磷钾肥，小水勤浇，培养壮苗。田间整枝打杈等农事操作应避免病健株交叉，减少人为传毒。病株及田间杂草均应立即清除并带出田外销毁。

③ **药剂防治。**目前尚无用于番茄斑萎病毒病防治的特效药物，苗期和定植后主要通过施用20%吡虫啉、1.8%阿维菌素、10%赛乐收、10%氯氰菊酯、白僵菌生物菌剂等管控传毒蓟马以及其他传播介体。植株感病后也可选用5%菌毒清、0.5%抗毒剂1号、20%毒克星、1.5%植病灵、20%盐酸吗啉胍乙酸酮等药剂进行防治，应遵照说明配制使用。

84 怎样防治番茄蕨叶病毒病?

番茄蕨叶病毒病是番茄生产中重要的病害，发病严重时可绝收。

（1）发病症状。该病发生时病株上部叶、叶柄、嫩枝先沿叶脉褪绿，随后叶片变成狭小细长形，卷曲为筒状，开展比正常叶慢或呈螺旋形下卷，叶肉退化，甚至无叶肉，茎节缩短，呈枝叶丛生状，植株整体表现为不同程度矮化。病株中下部叶片边缘轻微上卷，叶主脉微现扭曲，严重时也会卷为筒状。病株花冠加厚成巨型花，发病重时花蕾未打开即坏死，仅下部2～3个花序结果，结果少而小或畸形，严重影响产量。拔起病株无新根，根部坏死。该病在田间常与其他几种病毒混合发病（图8-12）。

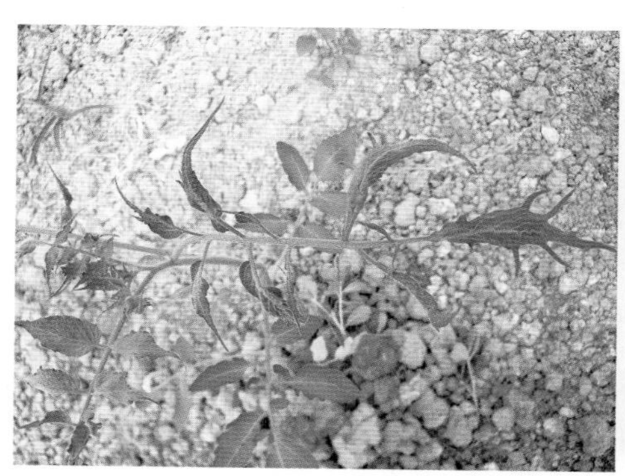

图8-12 番茄蕨叶病毒病发病症状

（2）发病原因。番茄蕨叶病毒病是由黄瓜花叶病毒侵染后引起。病毒在病残体上不能存活，主要在多年生宿根植物或杂草上越冬，在田间主要由蚜虫传毒，蚜虫的迁飞量与病情呈正相关。摩擦也可传毒，人为接触基本不传毒。高温干旱环境有利于蚜虫繁殖活动和传毒，可加重该病的发生。此外，田间杂草丛生、偏施氮肥、肥力不足或追肥晚、土壤黏重、积水严重等粗放管理条件下的植株生长不良，均加重病害发生。番茄种植区靠近老根菠菜、十字花科蔬菜等毒源或蚜源作物时，该病发生早而重。

（3）防治方法。

① 种子消毒。种子通过温汤浸种、药剂浸种消毒处理后再催芽播种或直播。

② 加强栽培管理。发病地块可与非寄主作物轮作，尤其是与小麦、玉米等作物轮作可有效控制病害。若续用原地块，前茬作物彻底清除后可采用喷药与熏蒸相结合的方式对棚室进行彻底消毒。定植后勤中耕，提高地温，增强土壤通透性，促进根系发育。定植后勿过度蹲苗，高温干旱季节小水勤浇，保持田间湿润，控制棚内湿度，同时喷洒矮壮素或多效唑防徒长。分期追肥，增施磷钾肥和叶面肥。田间设置防虫网并悬挂黄板诱杀蚜虫。在开展吊蔓、整枝、蘸花和摘果等农事操作应注意病健分离，接触病株的手和农具及时消毒冲洗。发现病株及时拔出，并带出田外集中销毁。

③ 药剂防治。在未发病和发病早期应注重蚜虫的防治，可选用10%吡虫啉、40%乐果乳油、50%抗蚜威等药剂。发病初期可选用1.5%植病灵、20%盐酸吗啉胍乙酸酮、5%菌毒清、10%混合脂肪酸等药剂遵照使用说明进行防治，可有效延缓病情。

85 怎样防治番茄根结线虫病?

番茄根结线虫病是番茄根部的一种重要病害。其发生可会加重枯萎病、根腐病等土传性真菌病害和部分细菌病害的发生，是当前番茄生产的一大障碍。

（1）发病症状。根结线虫为害番茄根部，从苗期到成株期均可发病。病株侧根或须根增多，且细根上形成串珠状根结。初为乳白色、微透明，后为褐色，表面常有龟裂。根结伴随新根的生长不断增生，最终形成肥大畸形肿瘤状，随植株衰老，变为腐空状。轻病株地上部症状不明显，重病株则表现生长缓慢、叶片黄化，结实少且小、易脱落，中午高温时萎蔫，早晚恢复，直至萎蔫不再恢复，根部腐烂，植株死亡（图8–13）。

图8–13　番茄根结线虫病发病症状

（2）发病原因。番茄根结线虫病的病原主要为南方根结线虫。病原线虫随病残体在土壤中越冬，可存活1～3年。病土、病苗、灌溉水、人、畜和农具是其初侵染源的主要传播载体。成虫喜温暖湿润环境，因此棚室内及南方露地栽培发生更为普遍，受害更重；根结线虫为好气性线虫，地势高燥、质地疏松、盐分低的沙质土易发病；寄主蔬菜连作地发病重。

（3）防治方法。

①加强栽培管理。重病田可与禾本科作物或大葱等抗耐病菜类轮作，尤以水旱轮作效果好。也可通过生长季节短且易感染线虫的绿叶菜，引诱土壤中线虫进入速生菜根内，收获后带出田外，集中销毁。将土壤深翻配以生石灰并灌水淹地进行土壤消毒。基肥中增施生石灰，叶面追施过磷酸钙浸出液。重施腐熟有机肥，增施磷肥、钾肥，使植株生长健壮，增强抗病性。田间病残株连根拔除，集中销毁。农具及田间作业的鞋底清洗干净，减少人为传播。

②药剂防治。定植前两周，采用98%棉隆熏蒸剂熏棚，效果显著。发病时可施用0.5%阿维菌素、10%噻唑磷等颗粒剂。

第九章 常见番茄虫害及其防治

86 怎样防治棉铃虫？

棉铃虫又叫番茄蛀虫，玉米穗虫。食性极杂，可为害多种作物和蔬菜，其中番茄受害最严重。

（1）形态及习性。

① **成虫。**一般雌蛾红褐色或棕红色，雄蛾灰绿色。前翅线纹清晰，翅中有肾形斑及环形斑各1个，后翅灰白色，翅脉褐色，外缘有深褐色宽带。

② **卵。**近半球形，初产乳白色或翠绿色，逐渐变黄色，快孵化时变为红褐色或紫褐色。

③ **幼虫。**老熟幼虫头部褐色，体色变化较大有黑色、绿色、淡绿、红色、黄色等。体表布满褐色及灰色小刺，背面有塔尖形小刺，腹面的毛状小刺呈黑褐色至黑色。

④ **蛹。**纺锤形，黄褐色。

棉铃虫在全国各地均有发生，不同地区年发生3～7代不等。成虫将卵散产于番茄植株的顶端嫩枝、嫩叶、果萼、茎基上。初孵幼虫先食卵壳，然后就近取食叶片，一般3龄开始蛀果。一头幼虫可食害3～5果，最多8果，早期幼虫喜食青果，老熟时则喜食成熟果及嫩叶。幼虫有假死性和自残性。成虫白天躲在寄主叶背及花冠处，傍晚活动，飞翔力强（图9–1）。棉铃虫喜温湿，高温多雨有利其发生，大雨或土壤板结不利于幼虫入土化蛹，反而抑制其发生。其蛹在土中越冬。

（2）为害特点。以幼虫蛀食蕾、花、果为主，也啃食嫩茎、叶和芽。蕾受害后，苞叶张开，变成黄绿色，易脱落。蛀食幼果后，形成洞孔，由此灌入雨水或病菌流入，导致果腐和落果，造成减产，并使果实品质变劣。

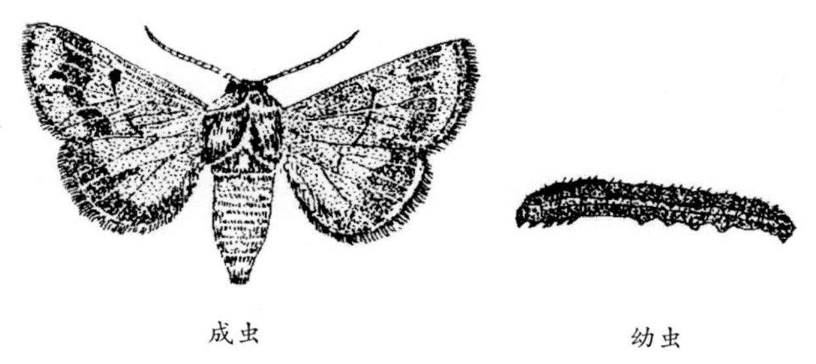

图 9-1　番茄棉铃虫示意图

（3）防治方法。

① 加强栽培管理。用深耕冬灌法杀死越冬虫蛹；结合整枝、打杈、打顶摘除部分虫卵；结合采收，摘除虫果并集中处理；在番茄田间作种植玉米诱集带引诱成虫产卵。利用成虫的趋光性和趋化性进行诱集，田间设黑光灯或频振式杀虫灯诱杀成虫，或应用长效型棉铃虫性诱捕剂诱杀雄蛾，干扰自然交配，降低种群数量。

② 生物防治。在有条件的地区可人工繁殖赤眼蜂、草蛉，或助迁瓢虫、蜘蛛等，抑制害虫的发生。还可选用Bt乳剂、苏云金芽孢杆菌制剂或棉铃虫核型多角体病毒等生物制剂进行喷雾防治。

③ 化学防治。一般番茄第一穗果长到鸡蛋大时喷药。卵盛期至幼虫2龄盛期为药剂防治的最佳适期。可选用1%甲维盐、3%莫比明、2.5%功夫乳油、20%多灭威、5%氟虫脲、5%傅冲龙、50%辛硫磷等药剂进行喷雾防治。

87 怎样防治美洲斑潜蝇？

美洲斑潜蝇又称美洲甜瓜斑潜蝇、蔬菜斑潜蝇、苜蓿斑潜蝇、蛇形斑潜蝇、甘蓝斑潜蝇等。适应性强，寄主范围广，食性杂，易传播蔓延，是一种严重为害番茄等各类蔬菜的检疫害虫。

（1）形态及习性。

① 成虫。小型蝇类，胸背面亮黑色有光泽，腹部背面黑色，侧面和腹面黄色，臀部黑色。雌成虫体形略大于雄成虫，雄虫腹末圆锥状，雌虫腹末短

鞘状。

② 卵。肉眼不易发现，椭圆形，呈稍透明米色，初卵时半透明，后为鲜黄色。

③ 幼虫。蛆状，老熟幼虫初无色，后变为橙黄色。

④ 蛹。椭圆形，腹面稍扁平，开始化蛹时浅黄色至橙黄色，后逐渐变暗黄。

在棚室和温暖的南方地区，美洲斑潜蝇全年都可繁殖，夏季2～4周完成1世代，冬季6～8周完成1世代。成虫喜欢在成熟叶片部分伤孔表皮下产卵，幼虫在叶片组织内取食。美洲斑潜蝇是喜温害虫，在20～30℃随着气温升高，繁殖加快，发生量急剧增加。空气相对湿度为60%～80%对该虫的发生和繁殖有利，但大雨、暴雨的冲刷可使成虫和蛹死亡，高温干旱的天气对其发生有明显的抑制作用（图9-2）。

图9-2　美洲斑潜蝇危害图片

（2）为害特点。幼虫和成虫均可产生为害，以幼虫潜入叶片叶柄取食为害为主。雌成虫刺伤叶片取食和产卵，幼虫在叶片内取食叶肉，并形成不规则弯曲的白色蛇形虫道，留下交替排列的黑色条状粪便，使虫道呈断线状。随虫体增大，虫道变宽并交叉相连，影响光合作用，叶片萎蔫枯落，使花芽、果实被灼伤，影响产量和品质，严重时植株生长发育延缓至死亡。

（3）防治方法。

① 加强栽培管理。前茬作物清除后深耕灌水，淹死土壤中的老熟幼虫及蛹；密闭闷棚杀死土壤中的老熟幼虫及蛹。田间悬挂黄板诱杀，诱捕成虫。番

茄棚内可间作套种苦瓜、葱蒜等美洲斑潜蝇的非寄主作物或不易感虫作物。调整种植密度，增加田间透光性；番茄生育期内及时清除田间杂草、病残体，摘除病叶，带出田间进行深埋或烧毁。

② **生物防治**。幼虫期释放姬小峰、潜蝇茧蜂效果佳。此外蟾象可食用美洲斑潜蝇的幼虫和卵。

③ **化学防治**。掌握用药时间，选择成虫高峰期、卵孵化盛期或初孵幼虫高峰期用药，把斑潜蝇消灭在为害初期。可选用75%灭蝇胺、50%氟啶虫胺腈、1.8%虫螨克、2.5%高效氯氟氰菊酯、22.4%螺虫乙酯、48%乙基多曲古霉素等药剂进行喷雾防治。在棚室内，虫量发生数量大时，可用10%敌敌畏烟剂闭棚熏杀。

怎样防治温室白粉虱？

温室白粉虱俗称小白蛾子，寄主范围广，为多食性害虫。在全国各地均有发生，尤其在保护地栽培中为害日趋严重。

（1）形态及习性。

① **成虫**。雄虫相比雌虫略小。虫体淡黄色或淡黄白色，翅面覆盖白色蜡粉，静息时双翅在虫体上合成屋脊状似蛾类，翅端半圆状处遮住整个腹部。

② **卵**。散布在叶背面，侧看为长椭圆形，基部卵柄从叶背面气孔插入植物组织，不易脱落。卵初生时淡绿色，覆有蜡粉，随后逐渐变为褐色，孵化前为略有光泽的黑色状。

③ **若虫**。老龄若虫又叫“伪蛹”，黄褐色，椭圆形，开始为扁平状，边缘逐渐加厚，中部略高，从侧面看像蛋糕。体背有长短不齐的蜡质丝状。

成虫有趋嫩性，群居在嫩叶背面，风吹或触动叶片后成群飞舞。一年可发生10余代，以各种虫态在棚室内越冬并继续为害。每年七八月虫口数量增长较快，八九月达最高峰，危害严重。10月下旬后气温降低，虫口数量开始减少，并向棚室内迁移为害。

（2）为害特点。温室白粉虱在番茄全生育期均可发生，以不同形态聚集在叶片背面，吸取寄主植物的汁液，使得被害叶片褪绿、变黄、萎蔫，果实畸形僵化，引起植株早衰，甚至全株枯死。温室白粉虱繁殖快，数量多，聚集后可分泌大量蜜露，对叶片和果实造成污染，影响光合作用，引发煤污病。同时温室白粉虱也可传播多种病毒病。

（3）防治方法。

① 加强栽培管理。育苗棚与生产棚分开，育苗前熏杀残余虫口，无虫育苗。种植棚在盖膜前，彻底清除残虫、杂草、病残体；通风口设50目以上防虫网，防止外来虫源。棚室周边避免种植黄瓜、菜豆等粉虱发生严重的蔬菜。番茄生育期内注意水肥管理，严防干旱。棚内悬挂黄色诱虫板。有条件地区可设置性信息素诱虫扑灯。

② 生物防治。可利用白粉虱的天敌丽蚜小蜂、小花蝽、草蛉、赤眼蜂和赤座霉菌等进行防治。

③ 化学防治。当棚内叶背面出现粉虱时，可选用35%吡虫啉、22%敌敌畏、1%溴氰菊酯或2.5%灭杀菊酯等烟剂，于晴天中午将棚室密闭后熏蒸。5～7天熏1次，经3～4次可基本杀死相继孵化的成虫。也可用25%阿克泰、20%辣根素、1.8%阿维菌素、15%哒螨灵等药剂喷雾防治。由于粉虱世代重叠，而当前没有对所有虫态皆有效的药剂，所以不管是熏蒸还是喷雾，须连续几次用药。

89 怎样防治烟粉虱？

烟粉虱又叫棉粉虱、甘薯粉虱，寄主范围广，多食性害虫，是一种世界性分布的害虫。

（1）形态及习性。烟粉虱属渐变态，分成虫、卵、若虫3个阶段。

① 成虫。雄虫相比雌虫略短。成虫淡黄色，翅有白色蜡粉。静止时两翅略显“八”字状。

② 卵。长椭圆形，端部卵柄可插入叶表裂缝中。初生为白色或淡黄绿色，颜色随发育加深，孵化前变为深褐色。

③ 若虫。老龄若虫又称伪蛹，椭圆形，扁平，背面稍隆起，整体呈黄色或淡黄色（图9-3）。

图 9-3　烟粉虱

烟粉虱繁殖能力强，繁殖速度快，在温室每年可繁殖10余代，露地栽培条件下繁殖11代左右，世代重叠严重。成虫有趋光性和趋嫩性，群居在叶片背面与寄主保持水分平衡，不易脱落。午间高温时活动多，飞行范围小，可借助气流作长距离迁移。在温暖地区，一般在杂草和花卉上越冬；在寒冷地区，在温室作物和杂草上越冬，春末迁飞到新寄主上。每年春末夏初烟粉虱数量上升，秋季迅速达到高峰，为害严重，10月下旬后因气温下降而逐渐减少。

（2）为害特点。烟粉虱以成虫和若虫聚集在叶背面吸取寄主植物的汁液，使得叶片褪绿、变黄、萎蔫，甚至全株枯死，对产量产生很大影响。此外，烟粉虱还会在叶面和果实上分泌大量蜜液，影响光合作用，降低商品价值或引发煤污病。烟粉虱还可传播植物病毒造成间接危害。烟粉虱主要在田间和近距离范围活动，也可借助调运苗木等活动长距离传播，向世界各地扩散并暴发成灾，因其具有寄主作物广、传毒能力强、抗药性高等特点，会对农业经济造成严重损失。

（3）防治方法。参照温室白粉虱防治方法。

 怎样防治蚜虫？

蚜虫又称腻虫或蜜虫，分布较广，在全国各地均有发生，主要为害温室、大棚和露地番茄、黄瓜等蔬菜。为害番茄的主要是桃蚜和棉蚜。

（1）形态及习性。

① 桃蚜。有翅雌蚜复眼赤褐色，头部胸部黑色，腹部淡绿色且偏暗，背部有明显暗色横纹，绿色腹管很长，末端有明显缢缩；无翅雌蚜通体绿色，绿色腹管很长。卵大多为黑色椭圆形（图9-4）。

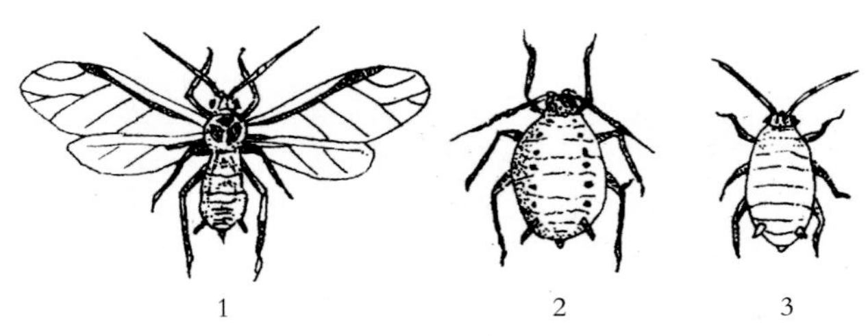

图9-4　桃蚜示意图

② 棉蚜。有翅雌蚜，黄色至深绿色，头部胸部为黑色；无翅雌蚜，体色多变，有黄绿色、黄褐色等。黑色腹管呈圆筒形较短。卵大多为黑色椭圆形。

蚜虫繁殖极快，在我国南方一年四季均可发生，每年多达30～40代，世代重叠。有翅蚜能迁飞但比无翅蚜繁殖力差。长江流域春季，两种蚜虫的有翅蚜在4月中下旬大量迁入露地栽培番茄地，此时正是温度、湿度适宜病毒病发生的季节，故5月下旬开始发生病毒病，若6月上旬高温干旱，病情即迅速发展，番茄厥叶型病毒病就会流行。秋季栽培的番茄，蚜虫在8月上中旬迁飞到栽培地，9月遇高温干旱，在9月下旬和10月上旬番茄条斑型病毒病将流行。

（2）为害特点。蚜虫以成虫和若虫聚集在番茄植株的叶背、嫩叶、幼茎、花苞及近地面叶上吸取汁液和养分，致使叶片卷曲、发黄、嫩叶皱褶畸形，植株生长发育迟缓甚至停滞，植株不能正常开花、结实。蚜虫还可分泌蜜露，影响光合作用，诱发煤污病，严重影响番茄果实品质。此外，蚜虫还传播黄瓜花叶病毒和马铃薯Y病毒，其为害远比蚜虫本身大。

（3）防治方法。

① 加强栽培管理。避免与蚜虫寄主作物连作；田间用防虫网进行覆盖栽培；铺设银灰色地膜或挂银灰色膜条驱避蚜虫；悬挂黄色粘虫板，涂黏虫胶诱杀或用装0.1%肥皂水、洗衣粉水的黄色盆诱杀。田间杂草、杂物、受害叶片应及时清除并销毁。多施腐熟农家肥，减少化肥用量。也可在番茄行间搭配种植韭菜驱避蚜虫，降低蚜虫密度，减轻蚜虫危害。

② 生物防治。将人工饲养的或助迁瓢虫、草蛉释放到田间，可有效抑制田间蚜虫数量。

③ 化学防治。可选用25%阿克泰、3%啶虫脒、20%氯氰菊酯、10%吡虫啉等药剂进行喷雾防治。根据病情每隔7～10天喷1次，连喷3～4次。上述药剂交替使用，避免产生抗药性。保护地也可用22%敌敌畏烟剂密闭熏棚。

91 怎样防治烟青虫？

烟青虫别名烟夜蛾、烟实夜蛾，在我国分布广，以产烟区发生严重。其主寄很多，在地势低洼、植株茂密、水肥条件较好的地块为害严重。在蜜源植物丰富的地块，成虫补充营养充足，则产卵量大，发生严重。

（1）形态及习性。

① 成虫。雄蛾灰黄绿色，雌蛾体背及前翅棕黄色。前翅端区有黑褐色宽带，中部几条黑褐色细横线，肾状纹和环状纹较清晰；后翅黄褐色。

② 卵。初产为乳白色，扁圆形，底部平。卵上有网状花纹且卵孔明显。

③ 幼虫。老熟幼虫头黄褐色，身体两侧各有一条较宽的白色纵带，腹面有小刺毛。体色因食物或环境条件的变化而变化，一般夏季为绿色或青绿色，秋季体色多变，多为红色或暗褐色。

④ 蛹。赤褐色，纺锤形，体长体色与棉铃虫相似。

烟青虫的发生代数比棉铃虫少，发生时期稍迟，不同地区发生3～6代不等。成虫昼伏夜出或阴天活动，产卵多散产，前期多产在寄主上部叶片正面、背面的叶脉处，后期产在花瓣、萼片和果实上。初卵幼虫在植株上爬行觅食花蕾，2～3龄后蛀果为害，可转蛀多株多果并在果中排粪，引起腐烂、大量落果。烟青虫具假死性、趋光性和对糖蜜的趋化性。

（2）为害特点。以幼虫蛀食寄主的花蕾、花及果实为主，造成落花、落果及果实腐烂；也可咬食嫩叶和芽，形成缺刻或将其吃光；也可钻蛀嫩茎，形成孔洞，使茎中空折断，为害状与棉铃虫类似。

（3）防治方法。参照棉铃虫。

第十章 常见番茄生理性病害及其防治

 怎样防治番茄筋腐病?

番茄筋腐病又称条腐病、条斑病，是设施栽培番茄中发生比较普遍且严重的病害。除轻微发病的果实外，均无商品价值。

（1）发病症状。筋腐病的症状主要是番茄果实着色不均匀，有绿有红，就像是"花皮果"（图10-1）。主要有褐变形和白变形两种类型。

图10-1 番茄筋腐病症状

① **褐变形。**发病轻的果实部分维管束变褐坏死，果实外形没有变化，但发病部位不转红，收获时果面上有明显的绿色或淡绿色斑；发病较重的果实，果面凹凸不平，维管束全部呈黑褐色，有时果肉也出现褐色坏死症状，果实成空腔。褐色筋腐病大多发生于果实背光面，通常下位花序果实发病多于上位花序。

② **白变形。**果实着色不均匀，轻的果形变化不大，重的靠近果柄的部位出现绿色凸起状，变红的部位稍凹陷，病部有蜡状光泽，剖开病果可发现果肉呈"糠心"状，果肉维管束组织呈黑褐色，轻的部分维管束变褐坏死，且变褐

部位不变红，果肉硬化，品质差。发病重的果实，果肉维管束全部呈黑褐色，部分果实形成空洞，明面红绿不均。

筋腐病与晚疫病、病毒病等病果的症状有些类似，但仔细观察有较大区别。晚疫病只为害果表，内部维管束不褐变；病毒病往往有植株的系统病变，往往顶部叶片表现花叶，严重时病叶皱缩、畸形，茎上有坏死斑；而患筋腐病的植株生长旺盛，一般肉眼看不出茎叶有任何病状，但经解剖后，能观察到离根部20厘米处的输导组织遭破坏，呈褐色。同时，筋腐病的果实仅在转红期表现症状，果实着色不均，转红的部位发软，褐色部位发硬；而病毒病在果实发育过程中均可发生，使整个病果变硬，果肉脆，严重的呈褐色。

（2）发病原因。目前认为褐变形筋腐病是品种、植株、土壤、光照、湿度、养分、温度等多种因素综合影响造成的。过量使用氮肥尤其是氨态氮会影响植株对钾、钙、硼、铁等养分的正常吸收，使果实内部营养代谢受阻。气温低、湿度过大、土壤透气性差、光照不足、空气不通畅、二氧化碳不足、夜间温度偏高等会造成植株体内碳水化合物不足。另外，白变形及部分褐变形筋腐病的发生与部分番茄病毒病的发生有密切关系，大部分感染病毒病的植株表现为白变形或褐变形筋腐果。

（3）防治方法。

① 选用根系发达、果皮厚、抗番茄花叶病毒的品种。如浙粉202、中杂12、苏粉11号等。

② 与非茄果类作物轮作，避免多年连作，缓解土壤养分失衡。

③ 平衡施肥，避免偏施氮肥。施肥应为基肥加追肥，以有机肥、蔬菜专用肥为主，合理配施化肥。少施氨态氮，增施生物菌肥，改善土壤结构；在开花、结果盛期和果实膨大期追施钾肥，并注意补施硼、钙、铁等肥料，增强植株抗性。

④ 合理密植，以增加行间、株间的透光率；注意棚室内的通风透光。采用透光性好的塑料薄膜。草帘早揭晚盖，延长见光时间；适时整枝，改善通风透光条件，增加光照。

⑤加强温度和湿度管理。加强温度和湿度调控，早春和晚秋注意保温，防止温度过低，夏季防止高温徒长；对于设施栽培的番茄，设施内气温低于10℃时，应采取加温和保温措施；当设施内温度高于30℃时，需进行通风降温。

⑥科学浇灌。浇水时防止大水漫灌，最好采用膜下渗灌或滴灌，防止湿度过大，土壤板结，造成不良土壤环境。确保坐果期土壤不过干或过湿，注意根

据天气和土壤情况适时浇水，雨后防止田间积水。保持良好的土壤通透性利于根系营养吸收。

⑦ 科学防治病虫害，注意防治蚜虫、白粉虱等传毒介体，控制病毒病的发生，并注意防治其他病害，保证植株健壮生长。当发现病情时可立即喷施0.2%的葡萄糖和0.1%磷酸二氢钾混合液，以提高叶片中糖和钾的含量，减轻为害。

93 怎样防治番茄畸形果？

畸形果是保护地番茄栽培中的主要生理性病害之一，它直接影响着番茄的产量和质量。发生重的年份，第一穗果的畸形率可达50%以上，重病株1～3穗果均为畸形果。

（1）发病症状。果面有深达果肉的皱褶，花柱痕狭长，心室数多而乱，整个果实呈椭圆、扁圆或偏圆形，有的呈不规则形或连体形（称多心形果）；有的在果实心皮旁或果实顶部出现指形物和瘤状物（称突指形果）；有的在心皮旁边开裂成洞，种子裸露，或花柱痕严重开裂后膨大呈杂乱无章的翻心状（称开洞果或翻心果）；有的则心皮数减少，果形瘦长变尖（称尖形果）（图10–2）。

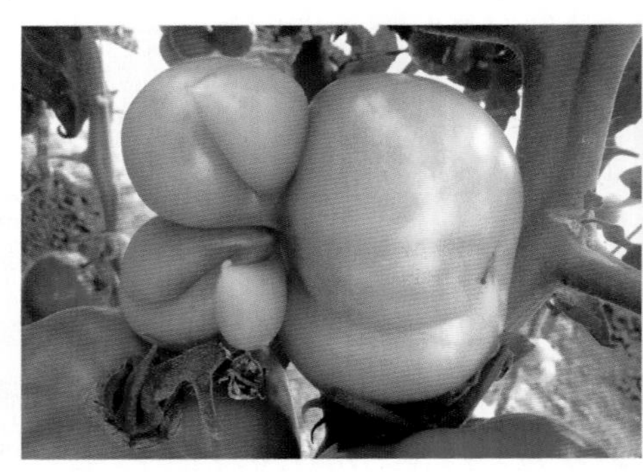

图10-2　畸形果

（2）发病原因。大部分发病是由于温度过低、激素浓度过高、氮肥过多、高温、日照不足致使营养过分集中输送，发育不均衡。

（3）防治方法。

① 选用在低温条件下不易出现畸形果的品种，如苏粉11号、浙粉202等品种。

② 加强苗期管理，防止过度低温。番茄植株在第一花序分化期，夜温控制在12～16℃，白天保持在25～28℃。避免连续多天和长时间在5℃以下的低温。

③ 加强苗期肥水管理。防止偏施、过施氮肥，做到氮、磷、钾配合使用，防止分化出多心皮或带状扁形花。适时适量浇水，采取少量多次的方法。

④ 改善光照条件。覆盖材料透光性要好，要注意经常清除积尘；草苫要早揭晚盖，使植株充分受光，促其花芽分化。

⑤ 控制好激素的用量。不能重复喷花，花蕾未全开的花不能喷，喷花后要及时追肥浇水，保证果实正常发育。根据气温高低灵活掌握激素使用浓度。

94 怎样防治番茄卷叶病?

番茄叶片发生卷曲、皱缩，是番茄生长过程中普遍发生的一种现象，不利于叶片正常的光合作用，从而影响番茄产量和品质。除极少数品种的叶子卷缩属生理特性外，大多是环境条件不适，以及病毒病发生所致。

（1）发病症状。叶子边缘向上卷曲，或尖端的新芽细长甚至卷缩不张开，生长停顿。

（2）发病原因。卷叶的原因多是植株叶片自然衰老，并不显别的病症，一般情况下不会影响番茄产量和品质，但严重过早卷叶则会影响光合作用，降低产量和品质。卷叶在番茄品种之间差异很大。外界条件及栽培措施不当也会引起卷叶，如土壤过度干旱、整枝特别是初次打杈过早和过早摘心、氮肥过多而干旱、氮肥过少而植株瘦小、黄化早衰、温度过高过低、日照强度急剧变化、病毒病等都会引起卷叶。

（3）防治方法。

① 选用生长势强，抗病、抗热、抗旱性强的品种。

② 增施腐熟有机肥，控制使用氮肥，尤其控制使用氨态氮，配合多施磷钾肥，提供植株生长所需的均衡营养。

③ 出现干旱时，及时浇灌，但要注意在低温天气和高温天气的中午不能浇水。

④ 根据番茄的长势及发育规律，调控温度、湿度，尤其在生长中后期要经常保持土壤湿润，棚内不可过于干燥。

⑤ 及时对蚜虫进行防治，切断传毒途径。发生病毒病时，及时用药进行防治。

⑥ 使用番茄灵等药液时，浓度不要过大，不要将药液洒在叶片上。

⑦ 根据植株长势适时摘心、整枝，保持合理的叶面积，既要控制旺长，又要防止早衰。

95 怎样防治番茄裂果？

番茄裂果是指在果实生长过程中发生开裂的现象。

（1）发病症状。番茄裂果常见的有4种，即纵裂、环裂、皲裂和成熟果面不规则开裂。果实纵裂出现最早，有的在果实绿熟期即在果肩部出现放射状开裂，随着果实膨大，裂口加宽、加深、加长，深达果肉。裂口变黑，果肩部变硬，严重降低果实外观及品质。环裂出现在果实膨大中期至成熟期，在果肩部果洼周围呈同心圆状开裂，随果实膨大成熟而加宽、加长，深度一般比纵裂较浅，也严重影响果实外观及品质。皲裂是发生在果实肩部及中部的裂口，深度仅限于果皮，细小而多，使果实呈黑网状，影响果实程度较纵裂、环裂轻。果实不规则裂口多出现于成熟果实，由于果皮薄、韧性差，遇雨后果实内部水分急剧增多，内压加大，果皮因承受不了内压而使果皮甚至果肉开裂。果实过熟采收也会形成此类裂果（图10–3）。

图10–3 番茄裂果

（2）发病原因。裂果与品种关系很大。一般大果形的粉红果皮薄容易裂果，而小果形、红果、皮厚、果皮韧性较大者裂果较轻。纵裂果的发生除与品种特性有关外，主要是由于高温、强光、干旱等因素导致果蒂附近的果面产生木栓层。果实糖分浓度增高，因而膨压增高，当久旱后降雨和突然大量浇水，果肉会迅速膨大，将果皮胀裂。环状裂果是由于果皮老，植株吸水后果肉膨大，但果皮的膨大速度不能与果肉的膨大速度相适应，果肉便会将果皮涨破形成同心轮纹。皱裂果是在露水等潮湿条件下，老化的果皮木栓层吸水形成细小的纹裂。顶裂果主要是在番茄开花时，花器供钙不足，雌蕊柱头开裂造成的。

（3）防治方法。

① 选择抗裂性强的品种，高圆形、木栓层薄、心室数少的品种抗裂性较强。

② 加强水肥管理。增施有机肥，氮肥特别是氨态氮、钾肥不可过多，要及时补充钙肥和硼肥。合理浇水，避免土壤忽干忽湿，应特别防止久旱后浇水过多。

③ 注意环境调控，防止果皮老化，避免阳光直射果实。在整枝绑蔓时，把花序放在枝的内侧，靠自身的叶片遮光。摘心时要在最后一个果穗的上面留两片叶为果穗遮光。

④ 育苗时夜温不能过低，在温室大棚内定植时间不宜过早。

⑤ 使用生长激素时，浓度不宜过大。

96 怎样防治番茄空洞果？

番茄空洞果在冬季日光温室越冬茬和早春大棚栽培时发生较多。发生程度轻时，果形不饱满，果肉少，产量降低；发生严重时，果皮凹陷，果身、果顶以及脐部出现不同形状的凸起。番茄空洞果不但影响产量水平，还影响市场销售。

（1）发病症状。果皮生长发育过快、胎座发育跟不上会形成空腔果实；胎座发育不良、心室数少则会形成隔壁、果皮很薄的空洞果实。从外表上看，番茄空洞果往往比正常的果实大，果面带有明显的棱角，不圆整；切开果实后，果肉与胎座之间缺少充足的胶状物或种子，出现明显的空腔（图10–4）。

图 10-4 空洞果

（2）发病原因。番茄空洞果的形成原因：一是生长素的危害，若生长素浓度过大、使用时期过早，就会出现皱褶空洞果和突尖状果；二是土壤水分过多、氮素营养过多，也会出现空洞果。下部结果过多，上部果实由于营养不足、高温干旱或低温日照不足都会形成心室数少的方形空洞果。不同品种对出现空洞果的时期和数量也有较大的差异。空洞果使果实重量减轻，外形不美而严重影响果实风味，整个果实品质下降。

（3）防治方法。

① 选择适宜品种。可选择中晚熟的心室数目多的品种。

② 正确使用生长激素。用激素处理时，尽量对当天开的花进行处理；药液浓度合适，避免重复喷花。

③ 加强水肥管理。要增施有机肥，合理搭配氮、磷、钾肥，力求结果期植株根、冠比协调。要根据不同的生长时期及土壤墒情确定浇水量与间隔的天数，可采取暗沟灌溉的办法，并在每穗果膨大盛期，随水追肥。

④ 做好温光调控。晴天日出后，及时揭去草帘，增加光照时间。连阴下雪天气应及时清除棚面的积雪，争取散射光照。傍晚日落时早盖帘以增温保温，一般要求气温维持在昼温20～27℃、夜温8～14℃。遇到阴雨天气时要保证白天不低于18℃，白天接受光照和散射光照的时间不短于6小时。进入2月中旬以后，随着天气逐渐转暖，应注意适当放风降温，中午前后延长放风时间、合理加大通风量，避免35℃以上的高温对受精造成危害，保证胎座部的正常发育。

⑤ 摘心不宜过早。摘心过早易使养分分配发生变化，使果实各个部分膨

大不均衡而出现空洞果。

 怎样防治番茄脐腐病？

脐腐病又称蒂腐病、顶腐病。在栽培和管理水平较差的情况下，为害果实，对产量影响特别大。

（1）发病症状。在番茄幼果和青果时，最初在脐部形成暗绿色水渍状病斑，逐渐变成褐色或黑色，病斑随果实生长而扩大，一般直径达1～2厘米，严重时，病斑扩大至半个果面，病部果肉干腐凹陷，病果提早变红，果实表面缺少光泽，果形变扁。脐腐病多发生在第一、第二穗果上，同一花序的果实几乎同时发病。在湿润条件下，因病原菌寄生，形成黑绿色或红色霉状物（图10–5）。

图10–5　脐腐病

（2）发病原因。脐腐病发生是由于生理缺钙引起的。尽管土壤中并不缺钙，但由于根系吸收不良或不能及时、足量地分配到果实中去，都会引起病症部缺钙而产生顶腐。如果土壤中大量使用氮肥，特别是氨态氮过量、钾肥过量，加上土壤干旱，就会造成土壤溶液过量，使根系不能正常吸收钙，酸性土壤和盐碱地上发生脐腐病果都较多。钙在植物体内移动缓慢，而且运转顺序是先在老叶积存，再由老叶运往嫩叶、嫩芽，最后才运到果实，如遇高温干旱更会阻碍钙的正常运转，老叶中即使不缺钙，也不能运往果实中去。此时，如营养生长过旺，生长点代谢作用增强，会形成大量有机酸。其中草酸对植株有毒害，草酸与钙结合成草酸钙，可使草酸失去毒性，但这一结合，又使到达果实的钙进一步减少，容易造成果实顶腐。

（3）防治方法。

① 浇足定植水，保证花期和结果初期有足够的水分供应。在果实膨大后，应注意适当浇水。

② 采用地膜覆盖栽培。保持土壤水分的相对稳定，减少土壤中钙质养分的流失。

③ 改善钙吸收的不利条件。除培育壮苗、定植少伤根外，在定植到果实膨大前期的所谓"蹲苗期"既要肥料充足，多中耕少浇水，提高地温，增强土壤的透气性，促使根系向深向大发展；又要避免过度高温干旱，防止过干或过湿等。

④ 适时浇水。天气高温干旱的情况下，要注意水分的供给，尤其是结果期，更要注意水分的均衡供应。

⑤ 根外追肥钙肥。番茄结果后1个月内是吸收钙的关键时期。可喷施1%过磷酸钙或0.5%氯化钙，可以增强青果的抗病能力。

⑥ 适当疏花疏果，防止过多果实对钙的竞争。

98 怎样防治番茄日灼病?

番茄日灼病又称为日烧病，主要发生在果实上，严重影响果实的品质。

（1）发病症状。日灼病多发生在果实膨大期绿果的果肩部，受害果实初期表皮褪绿发白、有光泽，呈透明革质状，表面变薄、皱缩、发硬，好像被开水烫过一样，后变黄褐色斑块。环境潮湿时，受伤面很容易被其他菌类腐生，长一层黑霉或腐烂，受伤部位大小、形状各不相同，随直射阳光的具体情况而有所不同。叶片日灼，初显叶绿素褪色，后变成漂白状，最后黄枯或叶绿枯焦。叶片日灼部位死亡，整叶并不全枯，一般不脱落。

（2）发病原因。盛夏（或初秋）高温期，番茄叶片遮阴不良，果实暴露在外，表皮细胞被太阳光直接照射，果实表面局部温度上升很快，蒸发耗水急剧增多，果实向阳面温度过高、水分供应不及时而灼伤。天气干旱、土壤缺水或雨后暴晴，都易加重发病。

（3）防治方法。

① 增施有机肥，改良土壤结构，提高保水力。

② 合理密植。使植株叶片适当对果实遮阴。

③ 加强田间管理。结果期遇高温天气，可在上午浇水，增加空气湿度，降低土壤温度；绑蔓时注意调整茎蔓方向，使果穗隐蔽在叶片或支架内，避免阳光直射；摘心时，在顶部果实以上留两片叶，以使果实有叶遮挡；保护地要加强通风，降温除湿；阳光过强可采用遮阳网覆盖，降低棚温。

④ 注意病毒病和早疫病等病害的防治，避免叶片早期干枯或脱落，发挥叶片对果实的遮阴作用。

怎样防治番茄心腐病？

（1）发病症状。心腐病症状只出现在果肉内部，靠近果实中心部出现不整齐的褐色坏死块，一般直径2～3厘米，严重时褐色波及整个果肉，使果实品质低劣，而外部看不出，商品果出售后引起消费者不满。

（2）发病原因。心腐病的发生，品种之间差异很大。高温期的大棚番茄，如秋茬番茄第一至第二穗果容易发生，早熟及防雨栽培则发生较轻。高温干燥、根系发育不良的植株容易发生心腐病。

（3）防治方法。需要改善植株通风透光条件，通过对土壤深耕使植株根系充分扩展、防止过度高温干旱、平衡营养生长和生殖生长关系、选用不易发生心腐病的品种等措施，可减轻心腐病的危害。

怎样防治番茄缺素症？

（1）番茄缺氮症。

① **发病症状。**整个植株矮小，生长缓慢，茎细长，叶片狭小而薄，脉间失绿，上部叶更小，下部叶片先失绿并逐渐向上部扩展。花序外露，俗称“露花”；叶脉由黄绿色变为深紫色。茎秆变硬，呈深紫色，富含纤维。花芽黄色，

易脱落，果实变小，富含木质。

② 发病原因。有机肥、氮肥施用不足或施用不均匀、灌水过量等都是造成缺氮的主要因素。土壤母质中很少含有氮素，而砂土、沙壤土的阳离子代换量小，更容易发生缺氮。氮素容易以硝酸根态流失。

③ 防治方法。施用氮肥，温度低时施用硝态氮化肥效果好；施入腐熟堆肥及有机肥，配合适量微生物菌肥，或者用0.3%～0.5%尿素溶液喷施叶面。

（2）番茄缺磷症。

① 发病症状。在苗较小时下部叶变绿紫色，并逐渐向上部叶扩展。植株生长缓慢，叶小并逐渐失去光泽，进而变成紫色。植株叶片僵硬，叶尖呈黑褐色枯死。老叶逐渐变黄，并产生不规则紫褐色枯斑。叶脉逐渐变为紫红色。后期果实小，结果延迟，产量低。

② 发病原因。剩余初期、低温时易缺磷，植株生长缓慢。土壤pH低，土壤紧实情况下易发生缺磷症。有时土壤中磷的含量不低，但因干旱等因素阻碍了根系的吸收能力，也会表现缺磷症状。

③ 防治方法。苗期需磷量较大，故在栽培中磷肥应底施、深施，还应同充分腐熟的有机肥混合后，采用开沟集中施，同时，苗期可用磷酸二氢钾有效补充磷元素；对缺磷土壤适当使用磷肥，既有肥效又有改良土壤作用。

（3）番茄缺钾症。

① 发病症状。症状先出现在老叶上；主脉间的叶片组织褪绿，叶片卷曲呈赤绿色。根系发育不良，较细弱。果实生长不良，果形不规整，果实中空，着色不均匀，与正常果实相比变软，缺乏应有的酸度，果味变差。严重时下部叶枯死，大量落叶。

② 发病原因。土壤中钾含量低，特别是沙土往往易缺钾。在生育盛期，果实发育需钾多，此时如果供钾不充足就容易发生缺钾症状。使用石灰类肥料多会影响植株对钾的吸收。日照不足、气温低及地温低时，番茄对钾吸收减弱。有时虽然土壤中不缺钾，但由于中后期的根系吸收能力弱，不能提供足够钾素。

（4）防治方法。充足供应钾肥，特别在生育中后期更不能缺少钾肥；多施用有机肥，或叶面喷施磷酸二氢钾溶液。

（5）番茄缺镁症。

① 发病症状。下部老叶失绿，后向上部叶扩展，形成黄化斑叶。轻度缺

镁时茎叶生长正常，严重时扩展到小叶脉，叶缘上卷，叶脉间出现坏死斑，叶片干枯，仅主茎仍为绿色，最后全株变黄。果实无特别症状。

② 发病原因。低温影响了根对镁的吸收。土壤中镁含量虽然多，但由于施钾多影响了对镁的吸收。当植株对镁的需要量大而不能满足需要时也会发生缺镁症。

③ 防治方法。冬春季节采取措施有效提高地温，增加有机肥的使用量；补施含镁肥料，也可在番茄生长期或发现植株缺镁时，用1%～2%硫酸镁溶液喷施叶面。

（6）番茄缺硼症。

① 发病症状。植株顶部的第一花序或第二花序上出现封顶，萎缩，停止生长。小叶失绿呈黄色或橘红色，生长点变黑。严重时，生长点凋萎死亡，幼叶的小叶叶脉间失绿，有小斑纹，叶片细小，向内卷曲，植株呈萎缩状态。茎及叶柄脆弱，易使叶片脱落，茎内侧有褐色木栓状龟裂，果实表面有木栓状龟裂。

② 发病原因。土壤酸化、硼素被淋失，或施用过量石灰都易引起硼的缺乏。土壤干燥、有机肥施用少时容易发生。施用钾肥过量时也容易发生。

③ 防治方法。提前施入含硼的肥料；发现缺硼时及时用硼砂0.1%～0.25%水溶液进行叶面喷施。

（7）番茄缺钙症。

① 发病症状。植株瘦弱萎缩，生长点停止生长，幼芽变小、黄化。初期叶正面除叶缘为浅绿色外，其余部分均呈深绿色，叶背呈紫色。后期叶尖和叶缘枯萎，叶柄向后弯曲死亡。植株中部叶片形成黑褐色斑，后全株叶片上卷。根系不发达，分枝多，褐色。果实易发生脐腐病、心腐病及空洞果。

② 发病原因。当土壤中钙元素含量不足时易发生。虽然土壤中钙多，但土壤盐类浓度高时也会使植株吸收钙元素困难，从而表现缺钙症状。施用氮肥过多时，土壤干燥及空气湿度低和连续高温时也易发生缺钙症。

③ 防治方法。适当多施有机肥，使钙处于容易被吸收的状态；进行土壤诊断，及时适量地供应钙肥，最好单独追施钙肥；深耕，适量多灌水；叶面喷施单质活性钙肥，如螯合态钙肥等。

参考文献

曹华，2018. 番茄优质栽培新技术[M]. 北京：金盾出版社.

陈茂春，2015. 降低棚室湿度综合措施[J]. 山东科技报，12（23）：14–16.

董伟，张立平，2012. 蔬菜病虫害诊断月防治彩色图谱[M]. 北京：中国科学技术出版社.

景炜明，胡想顺，2014. 棚室番茄高效栽培[M]. 北京：机械工业出版社.

李春农，2013. 番茄二氧化碳的施肥技术[J]. 现代农业，42–43.

李莉，杜永臣，2017. 番茄高效栽培与病虫害防治彩色图谱[M]. 北京：中国农业出版社.

李跃，王秋，王成云，2010. 棚室蔬菜降湿防病技术[J]. 中国园艺文摘（12）：153–157.

罗闻芙，2016. 提高温室保温增温效果的有效措施[J]. 西北园艺（6）：25–26.

苗锦山，沈火林，2018. 番茄高效栽培[M]. 北京：机械工业出版社.

任士福，高志奎，2015. 日光温室番茄高效安全生产技术[M]. 北京：金盾出版社.

沈火林，倪宏正，2000. 蔬菜优质四季栽培[M]. 北京：科学技术文献出版社.

唐菊红，郭智勇，刘伟平，2016. 冬季设施果蔬大棚保温增温补光技术[J]. 西北园艺（11）：9–10.

王桂丽，2016. 浅谈日光温室保温增温措施[J]. 现代农业（3）：31.

王志荣，王孝宣，杜永臣，等，2016. 番茄褪绿病毒病研究进展[J]. 园艺学报，43（9）：1735–1742.

肖万里，朗德山，2013. 棚室番茄土肥水管理技术问答[M]. 北京：金盾出版社.

余文贵，赵统敏，2010. 番茄栽培新技术[M]. 福州：福建科学技术出版社.

张文新，2013. 棚室番茄生产关键技术100问[M]. 北京：化学工业出版社.